I0045734

ALBERT DE ROCHAS

LES FRONTIÈRES

DE

LA SCIENCE

1re SÉRIE

L'état actuel de la science psychique.
Les propriétés physiques de la force psychique.
La physique de la magie.

LES FRONTIÈRES

DE

LA SCIENCE

8·R
17900

La connaissance humaine est pareille à une sphère qui grossirait sans cesse; à mesure qu'augmente son volume, grandit le nombre de ses points de contact avec l'inconnu.

PASCAL.

ALBERT DE ROCHAS

LES FRONTIÈRES

DE

LA SCIENCE

BIBLIOTHÈQUE NATIONALE R.F. IMPRIMÉS

1re SÉRIE

L'état actuel de la science psychique.
Les propriétés physiques de la force psychique.
La physique de la magie.

PARIS
LIBRAIRIE DES SCIENCES PSYCHOLOGIQUES
42, RUE SAINT-JACQUES, 42

1902

PRÉFACE

Le présent livre n'est qu'un recueil d'articles séparés, déjà publiés dans diverses revues, et d'études préparées pour un ouvrage d'ensemble que j'aurais voulu faire paraître sous le titre : Les fantômes des vivants et les âmes des morts.

J'ai dû renoncer à ce projet parce que, malgré tous mes efforts, je ne suis pas parvenu à voir les phénomènes de matérialisation complète obtenus par d'autres expérimentateurs avec des médiums tels que Eglington, Hume et Mistress d'Espérance. Je n'aurais donc pu que reproduire leurs récits, déjà si souvent publiés, sans y ajouter un nouveau témoignage. D'autre part, à

1

mon âge, on ne doit plus compter sur l'avenir.

Dans ces conditions, j'ai cru faire œuvre utile en ne laissant pas se perdre les documents que j'ai patiemment amassés depuis plusieurs années. Ils montrent que, dans la plupart des sciences naturelles, même en dehors de la science psychique, les théories officielles ne rendent pas compte de tous les faits et par conséquent doivent être rejetées pour être remplacées par d'autres qui subiront à leur tour le même sort, non sans avoir suffi plus ou moins longtemps aux applications de la vie ordinaire. L'inexactitude des observations sur lesquelles elles étaient fondées a même souvent pour effet de les rendre plus utiles : Mariotte n'eût peut-être pas formulé sa loi, si commode par sa simplicité, s'il avait eu connaissance des expériences de Regnault.

Les savants habitués aux recherches minutieuses des laboratoires ne doivent donc pas dédaigner les conceptions suggérées à des hommes sans doute moins précis mais qui n'ont pas craint de faire entrer en ligne de compte les phénomènes exceptionnels, niés par la science classique parce qu'ils ne rentraient point dans son cadre.

Ce sont ces conceptions et les faits qui leur servent de base dont j'ai voulu contribuer à répandre la connaissance du moment où l'Institut psychologique international institue une commission pour en reprendre l'étude, me bornant à indiquer par des extraits, l'esprit général des sources auxquelles je crois bon de puiser.

J'espère que le lecteur voudra bien m'excuser s'il trouve, dans un livre composé ainsi de pièces et de morceaux, de nombreuses répétitions et aussi des hypothèses auxquelles je n'attribue d'autre valeur que celle d'un procédé commode d'exposition.

Paris, 21 mars 1902

ALBERT DE ROCHAS.

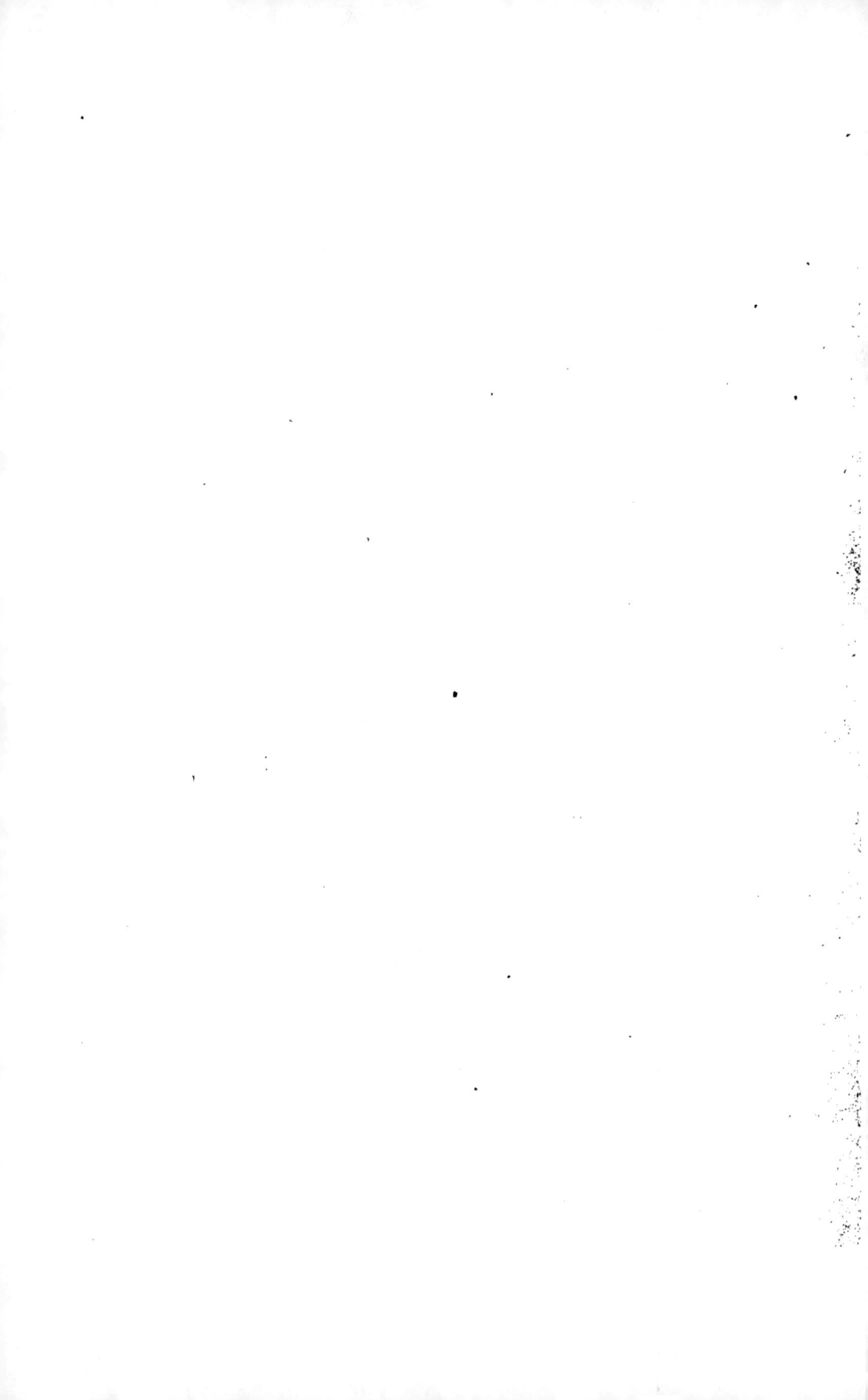

LES

FRONTIÈRES DE LA SCIENCE

L'ÉTAT ACTUEL DE LA SCIENCE
PSYCHIQUE (1)

« Je ne saurais, écrivait Arago dans sa notice sur
Bailly, approuver le mystère dont s'enveloppent les
savants sérieux qui vont assister aujourd'hui à des
expériences de somnambulisme. Le doute est une
preuve de modestie et il a rarement nui au progrès
des sciences. On n'en pourrait dire autant de l'in-
crédulité. Celui qui, en dehors des mathématiques
pures, prononce le mot *impossible*, manque de pru-
dence. La réserve est surtout un devoir quand il
s'agit de l'organisation animale. »

Malgré ces sages paroles d'un homme de génie, la
plupart des savants « qui se confinent dans leurs vi-

---

1. *Lecture faite au Congrès international du spiritualisme à Londres*, le 22 juin 1898.

trines », persistent à montrer pour tout ce qui se
rapporte de près ou de loin aux phénomènes psychiques, une dédaigneuse hostilité dont on jugera par
les lignes suivantes relevées dans *Le Temps* du 12
août 1893, à propos de la suggestion mentale et si-
gnées par M. Pouchet, professeur au Muséum de
Paris.

« Démontrer qu'un cerveau, par une sorte de gravitation, agit à distance sur un autre cerveau comme
l'aimant sur l'aimant, le soleil sur les planètes, la
terre sur le corps qui tombe ! Arriver à la découverte d'une influence, d'une vibration nerveuse se
propageant sans conducteur matériel !... Le prodige,
c'est que tous ceux qui croient, peu ou prou, à quelque chose de la sorte ne semblent même pas, les
ignorants ! se douter de l'importance, de l'intérêt,
de la nouveauté qu'il y aurait là-dedans et de la
révolution que ce serait pour le monde social de de-
main. Mais trouvez donc cela, bonnes gens ; montrez-
nous donc cela, et votre nom ira plus haut que celui
de Newton dans l'immortalité, et je vous réponds que
les Berthelot et les Pasteur vous tireront leur cha-
peau bien bas ! »

Certes, nous n'en demandons pas tant, mais nous
nous rendons parfaitement compte de l'importance
de nos recherches ; aussi nous consolons-nous aisément des attaques de M. Pouchet, d'abord parce que
nous sommes sûrs des faits et ensuite parce que
nous voyons des hommes comme M. Lodge et M.
Ochorowicz, classés avec nous parmi les « naïfs ignorants », étudier la question et essayer de la rame-
ner à un problème physico-physiologique.

Il ne faut pas trop s'étonner, que des gens qui ont passé toute leur jeunesse à apprendre des théories établies par leurs prédécesseurs et qui, arrivés à l'âge mûr, sont payés pour les enseigner à leur tour, n'acceptent qu'avec répugnance des nouveautés les forçant à refaire péniblement leur éducation. Il en a été de même à toutes les époques ; aussi mon regretté ami, Eugène Nus, avait-il dédié son livre, CHOSES DE L'AUTRE MONDE :

« Aux mânes des savants brevetés, patentés, palmés, décorés et enterrés, qui ont repoussé

La Rotation de la terre,

Les Météorites,

Le Galvanisme,

La Circulation du sang,

La Vaccine,

L'Ondulation de la lumière,

Le Paratonnerre,

Le Daguerréotype,

La Vapeur,

L'Hélice,

Les Paquebots,

Les Chemins de fer,

L'Éclairage au gaz,

L'Homœopathie,

Le Magnétisme,

et le reste.

À ceux, vivants et à naître, qui font de même dans le présent et feront de même dans l'avenir ».

Ces savants ont du reste leur utilité : passés à l'état de bornes, ils jalonnent la route du progrès.

S'il fallait n'admettre les faits que lorsqu'ils concordent avec les théories officielles, on rejetterait presque toutes les découvertes accomplies de nos jours dans le domaine de l'électricité.

« Dans la plupart des sciences, disait en 1890 M. Hopkinson (1), plus nous connaissons de faits, plus nous saisissons la continuité du lien qui nous fait reconnaître le même phénomène sous diverses formes. Il n'en est point de même pour le magnétisme : plus nous connaissons de faits, plus ils offrent de particularités exceptionnelles, et moindres semblent devenir les chances de les rattacher à un lien quelconque. »

L'électricité atmosphérique nous offre constamment des phénomènes dont nous n'avons pas la clef et qui se rapprochent tellement de ceux qu'on observe dans les manifestations de la force psychique qu'on est en droit de se demander s'ils ne dérivent pas souvent de la même cause.

On hausse volontiers les épaules quand on parle de ces globes de feu plus ou moins gros qui se produisent en présence des médiums et qui semblent parfois guidés par une force intelligente. Il y a cependant des phénomènes tout à fait analogues et aussi inexplicables qui se trouvent relatés dans les ouvrages clas-

---

1. *Discours prononcé, le 9 janvier 1890, à l'Institution des ingénieurs électriciens d'Angleterre*, par M. HOPKINSON, *président annuel.*

siques (1) ; je vais en citer seulement quelques-uns.

Le premier s'est passé près de Ginepreto, non loin de Pavie, le 29 août 1791, pendant un violent orage avec éclairs et tonnerres. Il est raconté dans une lettre de l'abbé Spallanzani au père Barletti (*Opusc.* Tome XIV, p. 296).

A cent cinquante pas d'une ferme paissait un troupeau d'oies : une jeune fille de douze ans et une autre plus jeune accoururent de la ferme pour faire rentrer les oies. Dans ce même pré se trouvait un jeune garçon de neuf à dix ans et un homme qui avait dépassé la cinquantaine. Tout à coup apparut sur le pré, à trois ou quatre pieds de la jeune fille, un globe de feu de la grosseur des deux poings qui, glissant sur le sol, courut rapidement sous ses pieds nus, s'insinua sous ses vêtements, sortit vers le milieu de son corsage tout en gardant la forme globulaire et s'élança dans l'air avec bruit. Au moment où le globe de feu pénétra sous les jupons de la jeune fille, ils s'élargirent comme un parapluie qu'on ouvre. Ces détails furent donnés, non par la patiente qui tomba instantanément à terre, mais par le petit garçon et l'homme mentionnés ; interrogés séparément ils rapportèrent le fait identiquement de la même manière. « J'avais beau leur demander, dit

---

1. Parmi ces ouvrages, je citerai en premier lieu une notice de 404 pages d'ARAGO qui se trouve au tome 1er de ses œuvres posthumes sous le titre *Le Tonnerre* et deux volumes du Dr SESTIER intitulés : *De la foudre, de ses formes et de ses effets*, 1866. On pourra consulter aussi la *Notice sur le tonnerre et les éclairs*, par le comte DU MONCEL, 1857.

Spallanzani, si, dans le moment, ils avaient vu une flamme, une lumière vive descendre, tomber des nues et se précipiter sur la jeune fille, ils me répondaient constamment non, mais qu'ils avaient vu un globe de feu aller de bas en haut et non pas de haut en bas ». On trouva sur le corps de la jeune fille, qui d'ailleurs reprit bientôt connaissance, une érosion superficielle s'étendant du genoudroit jusqu'au milieu de la poitrine entre les seins : la chemise avait été mise en pièces dans toute la partie correspondante et les traces de brûlures qu'elle présentait disparurent à la lessive. On remarqua un trou de deux lignes de diamètre qui traversait de part en part la partie des vêtements que les femmes de ce pays-là portent sur la poitrine. Le docteur Dagno, médecin du pays, ayant visité la blessée peu d'heures après l'accident, trouva outre l'érosion déjà signalée plusieurs stries superficielles, serpentantes et noirâtres, traces des divisions du rameau principal de la foudre. Le pré, à l'endroit même de l'accident, n'a présenté aucune altération, aucune trace du météore.

M. Babinet a communiqué à l'Académie des sciences, le 5 juillet 1852, le second cas dans la note suivante (1) :

« L'objet de cette note est de mettre sous les yeux de l'Académie un des cas de foudre globulaire que l'Académie m'avait chargé de constater il y a quelques années (le 2 juin 1842) et qui avait frappé, non en arrivant mais en se retirant pour ainsi dire, une

---

1. *Comptes rendus*, t. XXXV, p. 5.

maison située rue Saint-Jacques, dans le voisinage
du Val-de-Grâce. Voici, en peu de mots, le récit de
l'ouvrier dans la chambre duquel le tonnerre en boule
descendit pour remonter ensuite.

« Après un assez fort coup de tonnerre, mais non
immédiatement après, cet ouvrier, dont la profession est celle de tailleur, étant assis à côté de sa
table et finissant de prendre son repas, vit tout à
coup le châssis garni de papier qui fermait la cheminée s'abattre comme renversé par un coup de vent
assez modéré, et un globe de feu, gros comme la
tête d'un enfant, sortir tout doucement de la cheminée et se promener lentement par la chambre, à peu
de distance des briques du pavé. L'aspect du globe
de feu était, encore suivant l'ouvrier tailleur, celui
d'un jeune chat de grosseur moyenne pelotonné sur
lui-même et se mouvant sans être porté sur ses pat-
tes. Le globe de feu était plutôt brillant et lumineux
qu'il ne semblait chaud et enflammé et l'ouvrier n'eut
aucune sensation de chaleur. Ce globe s'approcha de
ses pieds comme un jeune chat qui veut jouer et se
frotter aux jambes suivant l'habitude de ces animaux ; mais l'ouvrier écarta les pieds, et par plusieurs mouvements de précaution, mais tous exécu-
tés, suivant lui, très doucement, il évita le contact
du météore. Celui-ci paraît être resté plusieurs secondes autour des pieds de l'ouvrier assis qui l'exa-
minait attentivement, penché en avant et au-dessus.
Après avoir essayé quelques excursions en divers
sens, sans cependant quitter le milieu de la chambre,
le globe de feu s'éleva verticalement à la hauteur de
la tête de l'ouvrier, qui, pour éviter d'être touché

au visage, et en même temps pour suivre des yeux le météore, se redressa en se renversant en arrière sur sa chaise. Arrivé à la hauteur d'environ un mètre au-dessus du pavé, le globe de feu s'allongea un peu et se dirigea obliquement vers un trou percé dans la cheminée, environ à un mètre au-dessus de la tablette supérieure de cette cheminée.

« Ce trou avait été fait pour laisser passer le tuyau d'un poêle qui, pendant l'hiver, avait servi à l'ouvrier. Mais, suivant l'expression de ce dernier, le tonnerre ne pouvait pas le voir, car il était fermé par du papier qui avait été collé dessus. Le globe de feu alla droit à ce trou, en décolla le papier sans l'endommager et remonta dans la cheminée ; alors, suivant le dire du témoin, après avoir pris le temps de remonter le long de la cheminée « du train dont il allait » c'est-à-dire assez lentement, le globe, arrivé au haut de la cheminée qui était au moins à 20 mètres du sol de la cour, produisit une explosion épouvantable qui détruisit une partie du faîte de la cheminée et en projeta les débris dans la cour ; les toitures de plusieurs petites constructions furent enfoncées, mais il n'y eut heureusement aucun accident. Le logement du tailleur était au troisième étage, et n'était pas à la moitié de la hauteur de la maison ; les étages supérieurs ne furent pas visités par la foudre et les mouvements du globe lumineux furent toujours lents et saccadés. Son éclat n'était pas éblouissant et il ne répandait aucune chaleur sensible. Ce globe ne paraît pas avoir eu la tendance à suivre les corps conducteurs et à céder aux courants d'air ».

Le *Cosmos*, du 30 octobre 1897, cite un cas tout à

fait analogue. Mme de B..., se trouvant dans le Bour-
bonnais, à la campagne, dans un salon au rez-de-
chaussée dont la porte était ouverte, vit, au milieu
d'un orage, une boule de feu entrer par cette porte,
se promener lentement sur le plancher, s'approcher
et tourner autour d'elle « comme un chat qui se
frotte contre son maître », selon ses propres expres-
sions, puis se diriger vers une cheminée par laquelle il disparut. Ceci en plein jour (1).

Est-il plus difficile d'admettre les raps et les mouvements des tables que la danse de l'assiette dont
M. André a rendu compte à l'Académie des sciences
dans la séance du 2 novembre 1885?

Le samedi 13 juin 1885, vers huit heures du soir,
il était à table, dans une chambre attenante à la tour
d'un phare, dans la partie nord-ouest de cette tour ;
tout à coup il vit une bande brumeuse d'environ 2
mètres de large, se détacher de l'arête supérieure
de la muraille à laquelle il faisait face, et obscurcir

---

1. Voici encore un cas du même genre quoique moins frap-
pant.

A Péra, en octobre 1885, M. Mavrocordato s'était réfugié,
pendant un violent orage, dans une maison occupée par une
famille qui était encore à table. Brusquement apparut dans
la pièce un globe de feu, gros environ comme une orange ;
il était entré par la fenêtre entr'ouverte. Le globe vint frôler
le bec de gaz; puis se dirigeant vers la table, il passa entre
deux convives, tourna autour d'une lampe centrale, fit entendre un bruit analogue à un coup de pistolet, reprit le chemin de la rue et, une fois hors de la pièce, éclata avec un
fracas épouvantable.

soudainement cette dernière, en même temps que
sous la table, à ses pieds, se produisit un bruit sec,
sans écho ni durée et d'une violence extrême. La
sonorité a été celle qu'aurait produite le choc formi-
dable, de bas en haut, d'un corps dur contre la paroi
inférieure tout entière de la table, laquelle, à sa
grande surprise, n'a pas bougé, non plus que les divers objets qui la garnissaient.

Après cette détonation, son assiette pivotait et
exécutait sur la table plusieurs mouvements de rotation, sans aucun bruit de frottement, ce qui prouve
qu'à ce moment l'assiette avait quitté la table sans
toutefois s'en éloigner sensiblement. L'assiette et la
table restèrent intactes.

Ces phénomènes, dont on a vainement essayé de
donner une théorie, se produisent quelquefois dans
une atmosphère complètement sereine sans faire
aucun bruit.

Jamin, dans son cours de physique professé à l'Ecole
polytechnique (tome 1, p. 465), raconte le cas d'une
dame qui, pendant un temps orageux, étend la main
pour fermer une fenêtre. « La foudre part et le bra-
celet que porte la dame disparaît si complètement
qu'on n'en trouve plus aucun vestige ». C'est un bel
exemple de dématérialisation.

La lévitation du corps humain n'est pas plus inexplicable que le transport par l'électricité de lourdes
masses (1) et même de corps humains vivants qui

_____

1. Le 6 août 1809, à 2 heures de l'après-midi, une explo-

n'en éprouvent souvent aucun dommage. M. Monteil, secrétaire de la commission archéologique du Morbihan, cite (1) parmi les effets d'un coup de foudre qui s'est produit à Vannes, le 5 décembre 1876, à 10 heures et demie du soir, la dislocation d'une muraille, la projection au loin de pièces de bois et enfin le *transport d'une malade infirme, de son lit sur le parquet de sa chambre à une distance de 4 mètres, bien que cette chambre se trouvât à près de 300 mètres du lieu où la foudre avait directement exercé son influence.*

Daguin (2) parle même de personnes transportées à 20 ou 30 mètres.

On a observé fréquemment le déshabillement complet de gens foudroyés et le transport à une assez grande distance de leurs vêtements ; l'épilation de leur corps entier, l'arrachement de la langue ou des membres (3).

---

sion épouvantable se fit entendre dans la maison de M. Chadwick, propriétaire des environs de Manchester. Le mur extérieur d'un petit bâtiment en briques qui avait 0,30 d'épaisseur, 3 m. 30 de hauteur, et de 0,30 de fondation, fut déraciné et transporté sur le sol sans cesser d'être vertical. Lorsqu'on examina ce qui s'était passé, on trouva qu'une extrémité du bâtiment avait marché de 2 m. 70 et l'autre, autour de laquelle la masse avait tourné pendant le glissement, ne s'était déplacée que de 1 m. 20. La masse ainsi élevée pouvait peser 26.000 kilogrammes (W. DE FONVILLE. *Eclairs et Tonnerre*).

1. FIGUIER. *Année scientifique*, 1877.
2. *Physique*. Tome III, p 220.
3. *Annales d'hygiène*, 1885. Mémoire de M. Boudin.

Dans une foule il arrive que la foudre va chercher certains individus en ne produisant rien sur ceux qui sont auprès (1). Les femmes paraissent jouir d'une immunité particulière (2), de même que certains arbres (3).

Il y a des gens qui ont recouvré l'usage de leurs membres paralysés après avoir été frappés par la foudre ; d'autres au contraire ont contracté des paralysies persistantes. On en a vu qui restaient pour ainsi dire figés dans l'attitude où ils avaient été tués (4).

Les phénomènes de projections de signes ou d'écriture qui se rencontrent assez souvent dans les séances psychiques et dont j'ai été témoin moi-même avec Eusapia Paladino n'ont-ils point une ressemblance frappante avec la production, sur le corps de certaines personnes foudroyées, de l'image des objets environnants ?

L'électricité animale n'est-elle point aussi sur les

---

1. De même on a vu des pièces de monnaie, des lames d'épée présenter des traces de fusion, tandis que la bourse ou le fourreau qui les entouraient n'avaient pas été brûlés par leur contact. (DAGUIN. *Physique*, III, 218).

2. D'après le Dr Sestier (*La Foudre*, II, 307), sur 206 personnes frappées il y a 169 hommes et 37 femmes.

3. En 1896, M. Karl Müller a déduit d'une statistique s'étendant sur onze années dans le territoire forestier de Lippe Detmold, que la foudre a frappé : 56 chênes, 20 sapins, 3 ou 4 pins et pas un seul hêtre, bien que les 7/10 des arbres appartinssent à cette dernière espèce.

4. Dr BOTTEY. *Le Magnétisme animal*, p. 30.

confins de la physique classique? Que dire des plantes lumineuses, des plantes qui digèrent, qui marchent, qui agissent sur la boussole ? (1).

Ce sont là des choses bien plus difficiles à expliquer que la vue de nos somnambules à travers les corps opaques et les transmissions de pensée. Les rayons X et la télégraphie sans fil sembleraient devoir sur ces points désarmer les incrédules; il n'en est rien cependant et cela tient à ce que la plupart des esprits qui ont été pétris par les doctrines matérialistes de la science officielle du milieu de ce siècle ne se contentent pas, comme leurs prédécesseurs, de nier certains faits parce qu'ils renversent leurs théories (2) ;

---

1. *La Nature* du 18 juin 1898 rapporte des observations de M. Pierre Weiss, professeur à Rennes, qui contrediraient toutes nos théories sur le magnétisme.

D'après ce savant, si l'on approche un aimant d'un cristal de pyrrothine ou pyrite magnétique, *l'attraction est nulle dans une direction, tandis qu'elle existe dans toutes les autres.*

2. Il y a juste cent ans, un physicien célèbre, Baumé, membre de l'Académie des sciences et inventeur de l'aréomètre qui porte encore son nom, écrivait à propos des découvertes de Lavoisier :

« Les éléments ou principes primitifs des corps, établis par Empédocle, Aristote et par beaucoup de philosophes de la Grèce aussi anciens, ont été reconnus et confirmés par les physiciens de tous les siècles et de toutes les nations. Il n'était pas trop présumable que les quatre éléments, regardés comme tels depuis plus de deux mille ans, seraient mis, de nos jours, au nombre des substances composées, et qu'on donnerait avec la plus grande confiance, comme certains, des procédés pour ils semblent pris d'une sorte de terreur devant tout ce qui tend à prouver qu'il y a dans l'homme un élément spirituel destiné à survivre au corps.

C'est cependant à cette affirmation qu'ont abouti, dans les pays les plus divers, à toutes les époques, les hommes les plus distingués par leur intelligence, et j'ajouterai par leur caractère puisqu'ils n'ont pas craint de proclamer leur croyance, malgré les railleries et souvent les persécutions.

Après de vaines excursions dans des directions diverses, on a été ramené par les faits à cette conception du corps fluidique qui est vieille comme le monde ; je vous demanderai la permission de l'exposer telle qu'elle s'est imposée à nous à la suite d'expériences récentes faites par des personnes que vous connaissez tous.

---

décomposer l'eau et l'air, et *des raisonnements absurdes, pour ne rien dire de plus*, pour nier l'existence du feu et de la terre. Les propriétés élémentaires reconnues aux quatre substances ci-dessus nommées *tiennent à toutes les connaissances physiques et chimiques acquises jusqu'à présent* ; ces mêmes propriétés ont servi de bases à une infinité de découvertes et de théories plus lumineuses les unes que les autres, auxquelles il faudrait ôter aujourd'hui toute croyance *si le feu, l'air, l'eau et la terre étaient reconnus pour n'être plus des éléments.* »

En 1831, le Dʳ Castel disait à l'Académie de médecine, à la suite de la lecture d'un rapport fait par une commission de cette société sur le magnétisme animal : « Si la plupart des faits énoncés étaient réels, ils détruiraient la moitié des connaissances acquises en physique. Il faut donc bien se garder de les propager en imprimant le rapport. »

Je partirai de ce *postulatum* qu'il y a, dans l'homme vivant, un CORPS et un ESPRIT.

« C'est un fait d'observation vulgaire, dit M. Boirac (1), que chacun de nous s'apparait à lui-même sous un double aspect. D'un côté, si je me regarde du dehors, je vois en moi une masse matérielle, étendue, mobile et pesante, un objet pareil à ceux qui m'entourent, composé des mêmes éléments, soumis aux mêmes lois physiques et chimiques; et, d'un autre côté, si je me regarde pour ainsi dire au dedans, je vois un être qui pense et qui sent, un sujet qui se connait lui-même en connaissant tout le reste, sorte de centre invisible, immatériel, autour duquel se déploie la perspective sans fin de l'univers, dans l'espace et dans le temps, spectateur et juge de toutes choses, lesquelles n'existent, du moins pour lui, qu'autant qu'il se les rapporte à lui-même. »

L'Esprit, nous ne pouvons nous le représenter; tout ce que nous en savons, c'est que de lui procèdent les phénomènes de la volonté, de la pensée et du sentiment.

Quant au Corps, il est inutile de le définir, mais nous y distinguerons deux choses : la matière brute (os, chair, sang, etc.), et un agent invisible qui transmet à l'esprit les sensations de la chair et aux nerfs les ordres de l'esprit.

Lié intimement à l'organisme qui le secrète pendant la vie, cet agent s'arrête, chez le plus grand

---

1. *Leçon d'ouverture du cours de philosophie à la Faculté des lettres de Dijon*, 1897.

nombre, à la surface de la peau et s'échappe seulement, en effluves plus ou moins intenses selon l'individu, par les organes des sens et les parties très saillantes du corps, comme les extrémités des doigts. — C'est du moins ce qu'affirment voir quelques personnes ayant acquis par certains procédés une hyperesthésie visuelle momentanée, et ce qu'admettaient les anciens magnétiseurs. — Il peut cependant se déplacer dans le corps sous l'influence de la volonté, puisque l'*attention* augmente notre sensibilité sur certains points, pendant que les autres deviennent plus ou moins insensibles: on ne *voit*, on *n'entend*, on ne *sent* bien que quand on *regarde*, qu'on *écoute*, qu'on *flaire* ou qu'on *déguste*.

Chez certaines personnes qu'on appelle des *sujets*, l'adhérence du fluide nerveux avec l'organisme charnel est faible, de telle sorte qu'on peut le déplacer avec une facilité extrême et produire ainsi les phénomènes connus d'hyperesthésie et d'insensibilité complète dus soit à l'auto-suggestion, c'est-à-dire à l'action de l'esprit du sujet lui-même sur son propre fluide, soit à la suggestion d'une personne étrangère dont l'esprit a pris contact avec le fluide du sujet.

Quelques sujets, encore plus sensibles, peuvent projeter leur fluide nerveux, dans certaines conditions, hors de la peau, et produire ainsi le phénomène que j'ai étudié sous le nom d'*extériorisation de la sensibilité*. On conçoit sans peine qu'une action mécanique exercée sur ces effluves, *hors du corps*, puisse se propager grâce à eux et remonter ainsi jusqu'au cerveau.

L'extériorisation de la motricité est plus difficile à comprendre et je ne puis, pour essayer de l'expliquer, que recourir à une comparaison.

Supposons que, d'une manière quelconque, nous empêchions l'agent nerveux d'arriver à notre main ; celle-ci deviendra un cadavre, une matière aussi inerte qu'un morceau de bois, et elle ne rentrera sous la dépendance de notre volonté que lorsqu'on aura rendu à cette matière inerte la proportion exacte de fluide qu'il faut pour l'animer. Admettons maintenant qu'une personne puisse projeter ce même fluide sur un morceau de bois en quantité suffisante pour l'en imbiber dans la même proportion ; il ne sera point absurde de croire que, par un mécanisme aussi inconnu que celui des attractions et des répulsions électriques, ce morceau de bois se comportera comme un prolongement du corps de cette personne.

Ainsi s'expliqueraient aussi les mouvements de tables placées sous les doigts de ceux qu'on appelle des *médiums*, et en général tous les mouvements *au contact* produits sur des objets légers par beaucoup de sensitifs, sans effort musculaire appréciable. Ces mouvements ont été minutieusement étudiés par le baron de Reichenbach ; il les a décrits dans cinq conférences faites en 1856 devant l'Académie I. et R. des sciences de Vienne (1).

On comprend même la production de mouvements

———————

1. J'en ai publié la traduction française dans *Les Effluves odiques*. — Paris, Flammarion.

nécessitant une force supérieure à celle du médium par le fait de la chaine humaine qui met à la disposition de celui-ci une partie de la force des assistants.

Mais une hypothèse aussi simpliste ne rend pas compte de tous les phénomènes et on est amené à la compléter ainsi qu'il suit :

L'agent nerveux se répand le long des nerfs sensitifs et moteurs dans toutes les parties du corps. On peut donc dire qu'il présente dans son ensemble la même forme que le corps, puisqu'il occupe la même portion de l'espace, et l'appeler la *double fluidique* de l'homme, sans sortir du domaine de la science positive.

De nombreuses expériences qui malheureusement n'ont eu en général pour garant que le témoignage des sujets, semblent établir que ce double peut se réformer en dehors du corps, à la suite d'une extériorisation suffisante de l'influx nerveux, comme un cristal se reforme dans une solution, quand celle-ci est suffisamment concentrée.

Le double ainsi extériorisé continue à être sous la dépendance de l'esprit et lui obéit même avec d'autant plus de facilité qu'il est maintenant moins gêné par son adhérence avec la chair, de telle sorte que le sujet peut le mouvoir et en accumuler la matière sur telle ou telle de ses parties de manière à rendre cette partie perceptible au sens du vulgaire.

C'est ainsi qu'Eusapia formerait les mains qui sont vues et senties par les spectateurs.

D'autres expériences, moins nombreuses et que, par suite, on ne doit accepter qu'avec plus de réserves encore, tendent à prouver que la matière fluidique extériorisée peut se modeler sous l'influence d'une volonté assez puissante, comme la terre glaise se modèle sous la main du sculpteur (1).

On peut supposer qu'Eusapia, à la suite de ses passages à travers divers milieux spirites, a conçu dans son imagination un John King, avec une figure bien déterminée, et que, non seulement elle en prend la personnalité dans son langage, mais qu'elle parvient à en donner les formes à son propre corps fluidique, quand elle nous fait sentir de grosses mains et qu'elle produit à distance sur la terre glaise, des impressions de tête d'homme.

Mais si rien ne nous a prouvé que John existait réellement, rien ne nous a prouvé non plus qu'il n'existait pas.

Nous ne sommes du reste point, mes collaborateurs et moi, les seuls qui aient étudié la question ; il y a d'autres personnes que je connais parfaitement, en qui j'ai la plus grande confiance, et qui rapportent des faits ne pouvant s'expliquer qu'à l'aide de la *possession temporaire* du corps fluidique extériorisé, par une entité intelligente d'origine inconnue. Telles sont les matérialisations de *corps humains entiers* observées par M. Crookes avec miss Florence Cook, par M. James Tissot avec Eglington et par M. Aksakof avec Mistress d'Espérance.

Eh bien ! ces phénomènes extraordinaires, dont le simple énoncé exaspère les gens qui se croit savants

---

1. Cette action de la Force-Volonté sur la matière du corps fluidique explique les suggestions d'images et de pensées.

parce qu'ils ont plus ou moins scruté quelques
rameaux de l'arbre de la science, ne nous paraissent
qu'un simple *prolongement* de ceux que nous avons
constatés par nous-mêmes et dont il est aujourd'hui
impossible de douter.

Nous obtenons, en effet, un premier degré de dégagement du corps fluidique dans l'extériorisation
de la sensibilité sous forme de couches concentriques
au corps du sujet : la matérialité des effluves est
démontrée par ce fait, qu'ils se dissolvent dans certaines substances, telles que l'eau et la graisse ; mais,
comme les odeurs, la diminution du poids du corps
qui émet est, dans ce cas, trop faible pour pouvoir
être appréciée par nos instruments.

Le deuxième degré est donné par la coagulation
de ces effluves en un double qui sent mais qui n'est
pas encore visible pour les yeux ordinaires.

Au troisième degré, il y a comme un transport
galvanoplastique de la matière du corps physique du
médium, matière qui part de ce corps physique
pour aller occuper une place semblable sur le double
fluidique. On a constaté, *un grand nombre de fois*,
avec la balance, que le médium perdait alors une
partie de son poids et que ce poids se retrouvait dans
le corps matérialisé.

Le cas le plus singulier, resté jusqu'ici unique, est
celui de Mistress d'Espérance chez qui ce transport
s'est fait avec une telle intensité qu'une partie de son
propre corps était devenu invisible. Il ne restait, à
sa place, que le corps fluidique dont le double est
seulement une émanation ; les spectateurs pouvaient
le traverser avec la main, mais elle le sentait. Ce

phénomène, poussé à sa dernière limite, amènerait
la disparition complète du corps du médium et son
apparition dans un autre lieu, comme on le rapporte
dans la vie des saints. Ce serait le quatrième degré·

Dans les matérialisations de corps complet, ce corps
est presque toujours animé par une intelligence différente de celle du médium. Quelle est la nature de
ces intelligences ? A quel degré de la matérialisation
peuvent-elles intervenir pour diriger la matière
psychique extériorisée ? Ce sont là des questions du
plus haut intérêt qui ne sont point encore résolues,
du moins pour la plupart d'entre nous.

Ce que nous venons de dire suffit à montrer que
l'étude des phénomènes psychiques relève de trois
sciences distinctes.

C'est à la *physique* qu'incombe la tâche de définir
la nature de la force psychique par les actions
mutuelles qui peuvent s'exercer entre elle et les
autres forces brutes de la nature : son, chaleur.
lumière, électricité.

La *physiologie* aura à examiner les actions et les
réactions de cette même force sur les corps vivants.

Enfin nous entrerons dans le domaine du *spiri-
tisme*, quand il s'agira de déterminer comment
la force psychique peut être mise en jeu par des
intelligences appartenant à des entités invisibles.

Mais nous savons que tous les phénomènes de la
nature se relient entre eux par des transitions
insensibles : *Natura non facit saltus*. Nous trouve-
rons donc, entre ces trois grandes provinces, des

frontières mal définies où les causes seront complexes. C'est là une des plus grandes difficultés de ce genre de recherches : mais elle ne doit point nous arrêter. Car, comme le dit M. Lodge :

« La barrière qui sépare les deux mondes (spirituel et matériel) peut tomber graduellement comme beaucoup d'autres barrières et nous arriverons à une perception plus élevée de l'unité de la nature. Les choses possibles dans l'univers sont aussi infinies que son étendue. Ce que nous savons n'est rien comparé à ce qu'il nous reste à savoir. *Si nous nous contentons du demi-terrain conquis actuellement, nous trahissons les droits les plus élevés de la science.* »

LES PROPRIÉTÉS PHYSIQUES
DE LA FORCE PSYCHIQUE

AVANT-PROPOS

On désigne aujourd'hui sous le nom de *force psychique* une force ou un ensemble de forces, auquel on rapporte certains phénomènes, en apparence fort divers, que les autres forces étudiées en physique ne sauraient produire.

Les plus saillants de ces phénomènes sont : le sommeil magnétique ; l'extériorisation de la sensibilité ou de la motricité ; l'extériorisation de la forme d'un membre ou même d'un corps entier ; la lévitation ; la vue à travers les corps opaques ou à de très grandes distances ; la suggestion verbale ou mentale, immédiate ou à échéance ; la télépathie, soit pour la pensée, soit pour les sensations, soit pour les formes ; les visions ou apparitions d'autres êtres que les vivants ; la prévision.

Les études méthodiques, faites depuis quelques années, ont conduit à admettre l'hypothèse de l'exis-

tence d'un fluide analogue, sinon identique, au fluide
nerveux, répandu dans tout le corps charnel et servant d'organe de transmission entre lui et l'âme pour
les actes sensitifs et moteurs. Ce fluide occupant la
même portion de l'espace que le corps charnel dont
il aurait par conséquent la forme, constituerait le
corps fluidique dont tous les grands philosophes de
l'antiquité ont professé l'existence. Comme la chaleur animale, il rayonnerait hors de la surface cutanée, mais surtout par les organes des sens et les
extrémités. Dans les conditions ordinaires, il ne
serait point perceptible pour la majorité des hommes.
Quelques-uns cependant, plus impressionnables,
pourraient le ressentir ; d'autres le projeteraient
avec une intensité telle qu'il affecterait alors, sous
des formes diverses, les sens du vulgaire.

Une des propriétés essentielles et caractéristiques
de cet agent subtil, qui semble se nourrir et se
renouveler par les sécrétions du cerveau comme le
cerveau et le reste du corps charnel se renouvellent
par les aliments, est d'obéir à la volonté, aux ordres
de l'âme. On conçoit donc que, lorsqu'il est extériorisé en quantité suffisante, il puisse tomber sous la
domination d'un esprit étranger et produire alors des
phénomènes d'un ordre particulier, tels que les pos-
sessions, les apparitions et certains mouvements
d'objets matériels, phénomènes qui sortent du
domaine de la physique, puisqu'il n'y a plus de lois
possibles là où intervient une direction intelligente.

Mais ce qui dépend complètement de la science
positive, ce qui ne sera qu'une extension du domaine
que nous avons déjà conquis dans la connaissance des

forces naturelles, c'est l'examen des qualités intrinsèques de cette force psychique et sa définition, son individualisation pour ainsi dire, par la détermination des actions et des réactions qui s'exercent entre elle et les autres forces déjà connues.

De nombreux travaux ont déjà été publiés dans ce sens. Ils ne sont presque pas connus en France, soit parce qu'ils sont écrits dans des langues étrangères, soit parce qu'ils se trouvent perdus dans des mémoires tirés à un petit nombre d'exemplaires et traitant des matières peu accessibles au grand public : mais les observations sont devenues aujourd'hui assez précises, assez concordantes, pour que l'on puisse déjà espérer avoir jeté les fondements d'une science nouvelle, à laquelle il ne manque plus, pour faire des progrès décisifs, que le concours des nombreux esprits qui commencent à ne plus craindre d'appliquer les méthodes rigoureuses de l'expérimentation moderne à un ordre de faits dont l'opinion publique les éloignait jadis.

Je me bornerai à reproduire ici les résumés qu'a faits lui-même de ses mémoires un chimiste autrichien, le baron de Reichenbach, l'homme qui est, sans comparaison possible, celui qui a étudié la question avec le plus de soin et de talent. Je ferai précéder et suivre ces résumés d'un coup d'œil rapide sur les autres livres les plus utiles à consulter par ceux que tenterait cette étude.

I

Les prédécesseurs de Reichenbach.

C'est un médecin écossais, GUILLAUME MAXWELL, qui, le premier, a décrit avec quelque netteté, dans un livre publié en 1679, les propriétés des « rayons corporels qui s'échappent des corps humains et dans lesquels l'âme opère par sa présence en leur donnant l'énergie et la puissance d'agir. » Ce livre est intitulé *De medicina magnetica, libri* III. Il est très rare et n'a jamais été traduit en français en son entier. J'en ai reproduit les passages les plus importants dans mon ouvrage sur l'*Extériorisation de la sensibilité* (p. 165, 174) et voici les douze aphorismes qui forment ses conclusions :

I. — L'âme n'est pas seulement dans son propre corps, mais elle est aussi en dehors du corps et n'est pas circonscrite par le corps organique.

II. — L'âme opère en dehors de ce qu'on appelle son propre corps.

III. — De tout corps s'échappent des rayons corporels dans lesquels l'âme opère par sa présence et auxquels elle donne l'énergie et la puissance d'agir. Ces rayons ne sont pas seulement spéciaux aux corps mais encore aux diverses parties du corps.

IV. — Ces rayons qui sont émis par les corps des animaux ont de l'affinité avec l'Esprit vital par lequel s'effectuent les opérations de l'âme.

V. — Les excréments des corps des animaux retiennent

une portion de l'esprit vital ; aussi ne peut-on leur refuser une vie. Et cette vie est de même espèce que la vie de l'animal, c'est-à-dire qu'elle provient de la même âme.

VI. — Entre les corps et les excrétions du corps, il y a un certain lien d'esprits ou de rayons, même quand les excrétions sont fort éloignées du corps. Il en est de même pour les parties séparées du corps et du sang.

VII. — Cette vitalité ne dure que tant que les excrétions ou les parties séparées ou le sang ne sont pas changées en autre chose.

VIII. — Il suffit qu'une partie du corps soit affectée, c'est-à-dire que son esprit soit lésé, pour que les autres deviennent malades.

IX. — Si l'esprit vital est fortifié dans quelque partie, il est fortifié par la même action dans tout le corps.

X. — Là où l'esprit est plus à nu, là il est plus rapidement affecté.

XI. — Dans les excrétions, dans le sang, etc., l'esprit n'est point aussi immergé que dans le corps ; c'est pour cela qu'il y est plus rapidement affecté.

XII. — Le mélange des esprits produit la sympathie, et de cette sympathie naît l'amour.

Un siècle plus tard, un médecin autrichien, Antoine Mesmer, reprenant une partie des idées de Maxwell, combinées avec celles de ses disciples et ses propres observations, formulait 354 aphorismes qu'on fera bien de lire dans l'une des différentes éditions qui en ont été imprimées.

Voici les principaux, tels qu'ils furent publiés par lui en 1779, à la fin d'un de ses livres intitulé : *Mémoire sur la découverte du magnétisme animal*.

1° Il existe une influence mutuelle entre les Corps célestes et les Corps animés.

2° Un fluide universellement répandu, et continué de manière à ne souffrir aucun vuide, dont la subtilité ne permet aucune comparaison, et qui, de sa nature, est susceptible de recevoir, propager et communiquer toutes les impressions du mouvement, est le moyen de cette influence.

3° Cette action réciproque est soumise à des lois mécaniques inconnues jusqu'à présent.

4° Il résulte de cette action des effets alternatifs, qui peuvent être considérés comme un flux et un reflux.

5° Ce flux et reflux est plus ou moins général, plus ou moins particulier, plus ou moins composé, selon la nature des causes qui le déterminent.

6° C'est par cette opération (la plus universelle de celles que la Nature nous offre) que les relations d'activité s'exercent entre les corps célestes, la terre et ses parties constitutives.

7° Les propriétés de la Matière et du Corps organisé dépendent de cette opération.

8° Le corps animal éprouve les effets alternatifs de cet agent, et c'est en s'insinuant dans la substance des nerfs qu'il les affecte immédiatement.

9° Il se manifeste particulièrement dans le corps humain des propriétés analogues à celles de l'Aimant ; on y distingue des pôles également divers et opposés qui peuvent être communiqués, changés, détruits et renforcés ; le phénomène même de l'inclinaison est observé.

10° La propriété du corps animal qui le rend susceptible de l'influence des corps célestes et de l'action réciproque de ceux qui l'environnent, manifestée par son analogie avec l'Aimant, m'a déterminé à le nommer *Magnétisme animal*.

11° L'action et la vertu du Magnétisme animal ainsi caractérisé peuvent être communiqués à d'autre corps inanimés. Les uns et les autres en sont cependant plus ou moins susceptibles.

12° Cette action et cette réaction peuvent être renforcées et propagées par ces mêmes corps.

13° On observe à l'expérience l'écoulement d'une matière

dont la subtilité pénètre tous les corps sans perdre notablement de son activité.

14° Son action a lieu à une distance éloignée sans le secours d'aucun corps intermédiaire.

15° Elle est augmentée et réfléchie par les glaces comme la lumière.

16° Elle est communiquée, propagée et augmentée par le son.

17° Cette vertu magnétique peut être accumulée, concentrée et transportée.

18° J'ai dit que les corps animés n'en étaient pas également susceptibles ; il en est même, quoique très rares, qui ont une propriété si opposée que leur seule présence détruit tous les effets de ce magnétisme dans les autres corps.

19° Cette vertu opposée pénètre aussi tous les corps ; elle peut être également communiquée, propagée, accumulée, concentrée et transportée, réfléchie par les glaces et propagée par le son ; ce qui constitue non seulement une privation mais une vertu opposée positive.

20° L'Aimant, soit naturel soit artificiel, est ainsi que les autres corps, susceptible du magnétisme animal et même de la vertu opposée, sans que ni dans l'un ni dans l'autre cas, son action sur le fer et l'aiguille souffre aucune altération ; *ce qui prouve que le principe du magnétisme animal diffère essentiellement de celui du minéral.*

Deux des élèves directs de Mesmer, tous deux officiers d'artillerie, le général de PUYSÉGUR et le capitaine TARDY DE MONTRAVEL, développèrent ses idées dans leurs livres.

Le général de Puységur (1) découvrit, ou du moins

––––––––––

1. Le général Chastenet, marquis de Puységur, avait deux frères cadets qui comptèrent également parmi les disciples de Mesmer.

fit connaître le premier, l'*état de somnambulisme*
et donna ainsi une orientation féconde aux recherches, en introduisant l'élément spiritualiste que Mesmer avait négligé pour s'occuper surtout des applications thérapeutiques. Il fit ressortir l'importance
de la volonté (1), importance qu'il exagérait du reste,
car les phénomènes qui dépendent de la polarité en
sont à peu près indépendants. Dans ses *Mémoires sur
le magnétisme animal* (2), il établit l'isolement du
sujet, son *rapport* (ou, comme on disait alors, son
harmonie) avec le magnétiseur et par son intermédiaire avec d'autres personnes, la suggestion verbale,
la transmission de pensée, la lucidité, la prévision,
et remet en honneur l'hypothèse du corps fluidique (3). En présence de ces merveilles, on conçoit

---

1. Très peu de temps après avoir suivi les leçons de Mesmer, Puységur reçut, de son maître, l'autorisation d'aller
faire quelques conférences à la loge maçonnique de Stras-
bourg qui était alors un centre intellectuel célèbre. La sixième
et dernière conférence se termina ainsi : « Ma volonté, Messieurs, moteur de tous mes actes et de toutes mes détermi-
nations l'est également de mon action magnétique. — Je
crois à l'existence en moi d'une puissance. — De cette
croyance dérive ma volonté de l'exercer. — Et ma volonté
détermine tous les effets que vous avez vu produire et que
vous ne pouvez révoquer en doute ». (*Mémoires sur le
magnétisme animal*, éd. de 1809, p. 148).

2. Ces mémoires ont été publiés en deux parties dont la
première parut en 1784 et la seconde seulement en 1805.

3. Pythagore, qui avait puisé beaucoup de lumières chez les
Egyptiens, enseignait que l'âme intelligente était revêtue
d'un corps subtil qu'il appelait *char de l'âme*, dans lequel

qu'il se soit peu occupé des qualités matérielles de ce fluide ; il en a cependant signalé l'emmagasinement dans l'eau et dans la sève des végétaux (l'arbre de Buzancy).

Mais, au point de vue spécial qui nous occupe ici, ses ouvrages ne peuvent plus guère nous servir.

Il n'en est pas de même pour le capitaine Tardy de Montravel, son petit traité, intitulé *Essai de théorie sur le magnétisme animal*, est un chef-d'œuvre qu'il faut étudier d'un bout à l'autre. Montravel établit une ingénieuse distinction entre le *couloir*, simple fantaisie de l'âme, et la *volonté* qui est une force physique (1). Il est amené par ses observations

se faisait la communication des deux natures. Il prétendait que cet intermédiaire était lumineux et que, mû par l'âme intelligente, son action pouvait s'étendre sur toute la nature.

« Ce char de l'âme, dit Puységur, cet intermédiaire de Pythagore, ressemble beaucoup, ce me semble, à ce que nous désignons aujourd'hui sous le nom de *magnétisme* ou *d'électricité animale* et je doute que le philosophe grec ait pu s'expliquer plus clairement, s'il eût connu les phénomènes nouveaux que cette découverte nous présente.

« Je ne sais si nos philosophes d'aujourd'hui ne gagneraient pas beaucoup à retourner à l'école de Pythagore, et si nos savants ne trouveraient pas dans ce *char lumineux*, dans cet *intermédiaire subtil*, le moyen de réunir leurs différents systèmes sur la nature des êtres ».

(*Mémoires sur le magn. animal*. Ed. de 1820, p. 448).

1. « Il ne faut pas confondre la *volonté* avec le *vouloir* L'une est un agent physique, une force provenant bien, dans le principe, d'une opération de mon âme, mais affectant physiquement mes organes ; le vouloir, au contraire n'est, si

et par les révélations d'une de ses somnambules (1) à
admettre un sixième sens tenant à la fois de l'âme et
du corps et à revenir, lui aussi, à l'hypothèse du corps

---

l'on peut parler ainsi, qu'une fantaisie de l'âme, un premier
mouvement qui n'est suivi d'aucun effet physique.

« Je veux jeter une pierre, et je ne la jette pas. Voilà le
vouloir ; il ne se produit en moi nul ébranlement, nul effort.
Mais je veux jeter une pierre et je la jette : voilà la *volonté*
décidée. L'âme a mis mes organes en action ; elle a produit
sur eux un effet physique, duquel il est résulté un effort ; la
délibération de mon âme a mis en mouvement mon sens intérieur, et celui-ci a communiqué ce mouvement à mes sens
extérieurs.

« Si je songe que je vais avoir à lever un poids d'une livre,
fais-je le même effort de volonté, les mêmes préparatifs
intérieurs que je fais lorsque je suis prévenu qu'il me faudra
lever cent livres ?

« Il me paraît donc bien démontré que la volonté active,
décidée, n'est point une chose simplement morale ; mais
qu'elle est une véritable force capable d'exercer une action.
Comment donc pourrait-on dire, après cela, que cette volonté
n'augmentera pas l'énergie du magnétiseur et ne lui donnera
pas une plus grande action sur son malade ? Ma volonté doit
donner à mon sens intérieur, ou à l'ensemble de mes nerfs,
un surcroît d'énergie pour lancer le fluide, comme elle lui
donnerait une énergie capable de mouvoir plutôt cent livres
qu'une livre. »

(*Essai de Théorie*, p. 46).

1. Le capitaine de Montravel a basé toutes ses théories sur
les expériences et les explications fournies par cette jeune
fille, Mlle N..., âgée de 21 ans, qu'il commença à magnétiser,
le 31 mars 1785, pour la guérir et qui devint bientôt un sujet
très lucide, indiquant elle-même les remèdes qu'il convenait
de lui donner. Montravel suppose que Mesmer a puisé sa
science à une source analogue.

fluidique qu'il formule ainsi : « Ce sixième sens est cependant matériel, et c'est ce qui me fait regarder l'homme comme étant composé de trois parties bien distinctes : l'homme intellectuel, immatériel, qui est l'âme ; l'homme intérieur, le sixième sens, l'instinct, et, si l'on pouvait parler ainsi, l'âme matérielle ; et enfin l'homme purement matériel ou le corps tel qu'on l'a connu jusqu'à ce jour, c'est-à-dire la machine agissant au moyen des cinq sens connus. » Dans les notes, il indique comment sa somnambule voyait le fluide de son magnétiseur, celui du soleil, celui des arbres, et l'action exercée sur ces fluides par les métaux, par l'eau, par les lentilles de verre qui le réfractent, par les glaces qui le réfléchissent, par la machine électrique, par les orages.

Le savant et consciencieux DELEUZE, aide-naturaliste au Muséum, publia en 1813 une *Histoire critique du magnétisme animal* qui est devenu classique. On y lit à la page 84 du tome 1er :

« La plupart des somnambules voient un fluide lumineux et brillant environner leur magnétiseur et sortir avec plus de force de sa tête et de ses mains. Ils reconnaissent que l'homme peut à volonté accumuler ce fluide, le diriger et en imprégner diverses substances. Plusieurs le voient non seulement pendant qu'ils sont en somnambulisme, mais encore quelques minutes après qu'on les a réveillés ; il a pour eux une odeur qui leur est agréable, et il communique un goût particulier à l'eau et aux aliments.

« Quelques personnes aperçoivent ce fluide lorsqu'on les magnétise, quoiqu'elles ne soient point en somnambulisme ; j'en ai même rencontré qui l'apercevaient en magnétisant ; mais ces cas sont extrêmement rares.

« La plupart des somnambules... croient que ce fluide peut être concentré dans un réservoir, qu'il existe dans les arbres et que la volonté du magnétiseur, aidée d'un geste de la main plusieurs fois répété dans le même sens, le dirige et lui imprime un mouvement déterminé...

« Comme j'ai obtenu ces renseignements de tous les somnambules que j'ai consultés, et que dans tous les pays les magnétiseurs en ont obtenu de semblables, je suis forcé d'admettre l'existence du fluide magnétique... »

Pendant longtemps ensuite, on se préoccupa surtout d'utiliser les propriétés thérapeutiques du magnétisme et on négligea d'autant plus l'étude du *fluide* que l'abbé Faria, précurseur de Braid, prétendait en prouver la non existence en rapportant tout à la *crédulité du sujet.*

Cependant, au milieu de ce siècle, deux médecins distingués, le Dr Charpignon, à Orléans, et le Dr Despine, à Aix-les-Bains, pensèrent avec raison que, pour produire un effet, il fallait un agent et qu'il était difficile d'admettre que tant de somnambules prétendissent voir ou sentir quelque chose qui n'existait pas (1).

_____

1. Le marquis de Laplace, dans son *Essai philosophique sur les probabilités* a fait remarquer justement (p. 120) que: « de

Ils reprirent donc les expériences de Montravel, et voici un résumé des travaux qu'ils ont publiés presque simultanément (1).

Charpignon, ayant pris quatre fioles de verre blanc,

---

tous les instruments que nous pouvons employer pour connaître les agents imperceptibles de la nature, les plus sensibles sont les nerfs, surtout lorsque des causes particulières exaltent leur sensibilité. C'est par leur moyen qu'on a découvert la faible électricité que développe le contact de deux métaux hétérogènes ; ce qui a ouvert un champ vaste aux recherches des physiciens et des chimistes. Les phénomènes singuliers qui résultent de l'extrême sensibilité des nerfs dans quelques individus ont donné naissance à diverses opinions sur l'existence d'un nouvel agent que l'on a nommé *Magnétisme animal*, sur l'action du magnétisme ordinaire, sur l'influence du soleil et de la lune dans quelques affections nerveuses ; enfin sur les impressions que peut faire éprouver la proximité des métaux ou d'une eau courante. Il est très naturel de penser que l'action de ces causes est très faible et qu'elle peut être facilement troublée par des circonstances accidentelles. Ainsi, parce que dans quelques cas ell ne s'est pas manifestée, il ne faut pas rejeter son existence. Nous sommes si loin de connaître tous les agents de la Nature et leurs divers modes d'action, qu'il serait peu philosophique de nier les phénomènes, uniquement parce qu'ils sont inexplicables dans l'état actuel de nos connaissances. Seulement nous devons les examiner avec une attention d'autant plus scrupuleuse qu'il paraît plus difficile de les admettre ».

1. DESPINE (père). — *Observations de médecine pratique faites aux bains d'Aix-en-Savoie ou De l'emploi du magnétisme animal*. Paris, 1840.

CHARPIGNON. — *Études physiques sur le magnétisme animal*, Paris, 1843. — *Physiologie, médecine et métaphysique du magnétisme*. Paris, 1848.

en magnétisa une à l'insu de son somnambule. Pour cela, tenant la bouteille d'une main, il chargea son intérieur de fluide magnétique, soit en tenant pendant quelques minutes les doigts de l'autre main rassemblés en faisceau sur l'orifice, soit en soufflant dedans ; puis, bouchant immédiatement, il mêla cette fiole avec les autres. Ces quatre flacons ayant été présentés au somnambule, celui-ci en indiqua un comme étant rempli d'une vapeur lumineuse : c'était, en effet, celui qui avait été magnétisé.

Cette expérience, répétée un grand nombre de fois avec des sujets différents, a toujours donné les mêmes résultats. Pour que le phénomène ne fût pas dû à une transmission de pensée, ces flacons furent parfois magnétisés par d'autres personnes, à l'insu du magnétiseur comme à celui du somnambule.

D'après les observations du médecin d'Orléans, tous les somnambules ne sont pas assez sensibles pour voir le fluide magnétique ; pour ceux qui le voient, le fluide émis par les nerfs du bras est pur, d'une lumière brillante et blanche ; celui que le souffle émet est moins brillant, probablement à cause des autres gaz dégagés par l'expiration en insufflant dans le flacon ; le fluide est, en général, plus ou moins brillant, pur et actif suivant l'âge, le sexe, la santé, l'énergie morale.

La présentation des flacons au somnambule doit être immédiate, parce que le fluide magnétique s'évapore plus promptement que le fluide électrique, même au travers du verre. Le succès de ces expériences dépend en grande partie de l'habileté et du soin qu'on y apporte.

Comme le fluide électrique, le fluide nerveux ou magnétique peut être accumulé sur certains corps. Il en est qui le conservent plus ou moins, mais tous peuvent en être chargés.

Lorsqu'on met en jeu une machine électrique, et qu'on prie les somnambules de regarder ce qui se passe, ils déclarent voir le cylindre se couvrir d'une vapeur bien plus brillante et plus forte que le fluide nerveux. Chaque fois que M. Charpignon a empêché l'accumulation du fluide électrique sur le conducteur, les somnambules ont cessé de voir ce conducteur devenir étincelant ; et cependant ils étaient loin de se douter comment se comportait l'électricité sur la machine.

Lorsqu'on charge une bouteille de Leyde, et qu'on la présente à ces somnambules, ils la voient toujours pleine d'un feu brillant qu'ils distinguent parfaitement du fluide magnétique humain. Ils suivent la déperdition graduelle du fluide électrique par la tige à travers les parois du verre.

Ces expériences variées et répétées ont donné des résultats positifs ; mais pour en apprécier la valeur, il faut tenir compte du fluide qui existe naturellement sur tous les corps et qui est visible pour la plupart des somnambules lucides. Ainsi, bien qu'une bouteille de Leyde ne soit pas chargée, ces somnambules la voient remplie d'une vapeur légèrement lumineuse, produite par les feuilles d'or qui composent l'armature intérieure. Cependant, ils distinguent parfaitement ce fluide là du fluide électrique ordinaire et du fluide magnétique humain une fois qu'ils les ont comparés.

L'impression du fluide électrique sur les nerfs est, en général, plus violente que celle du magnétisme. Cependant, il arrive quelquefois que la commotion électrique n'a plus lieu lorsque la décharge s'opère sur un magnétisé suffisamment saturé de ce dernier.

Le Dr Charpignon a également étudié sur ses somnambules l'effet de l'électricité dynamique. Il s'est, en général, borné à vérifier les observations déjà publiées par le Dr Despine.

Lorsque deux métaux différents sont en contact, les somnambules qui peuvent être impressionnés par ce mode d'expérimentation les voient couverts d'un fluide plus lumineux, plus actif et plus brillant que celui de la machine électrique ou que celui qu'ils appellent naturel et qui existe toujours sur un métal quelconque.

Couchant sur une table quarante disques de cuivre et quarante disques de zinc, sans intercalation humide, et faisant toucher les extrémités par une somnambule, elle éprouve une commotion très forte.

Chargeant une bouteille de Leyde avec cette pile, et mettant le bouton et l'armature extérieure en contact avec chaque pôle, la commotion ressentie par les magnétisés est plus grande qu'avec une charge électrique.

Hors de l'état magnétique, ces individus ne ressentent pas plus que nous les effets du fluide de cette espèce de pile.

Ici, comme pour ce qui précède, les sujets étaient dans l'ignorance la plus complète sur les effets qui pouvaient naître du contact de ces métaux. D'ailleurs, l'électricité développée par ce contact, à sec, de dis-

ques touchant tous une surface non isolante, n'agis-
sait en aucune manière perceptible aux sens d'une
personne ordinaire, ni sur les électromètres, ni sur
les galvanomètres.

Le Dr Despine a constaté que les plus faibles actions
galvaniques étaient perçues par certains de ses
malades.

Une pièce d'horlogerie, dit-il, une montre, par
exemple, donnait aux malades plus de vivacité dans
leurs mouvements. Si la montre était montée, et si
elle marchait régulièrement, les malades ne tom-
baient pas en syncope ; mais la syncope survenait
aussitôt la montre arrêtée.

Une montre est un système de mouvements composé
de pièces en cuivre, en fer, en acier, dont les unes
sont à l'état métallique ordinaire, et les autres modi-
fiées par la dorure. Lorsque ce système de pièces de
divers métaux est mis en mouvement, il en résulte
une puissance galvanique bien plus marquée que
lorsque la montre est au repos. Quand tout se meut,
qui pourrait douter, ajoute Despine, qu'il n'en résulte
des effets très sensibles sur des malades dont l'impressionnabilité est cent fois plus grande que dans l'état
ordinaire, surtout lorsqu'on a vu que le seul contact
du point de jonction de deux métaux sur un manche
de couteau à virole ou sur une clé de montre suffisait
pour leur procurer la sensation d'une étincelle électrique ?

Le Dr Charpignon ayant posé devant ses somnambules quatre petits barreaux de fer, parmi lesquels

un seul était aimanté, ceux-ci signalèrent toujours le
barreau aimanté. Ils le reconnaissaient aux deux
extrémités qu'ils voyaient enveloppées d'une vapeur
brillante. La vapeur de chaque extrémité était différente, l'une moins brillante que l'autre : cette différence dans l'aspect du fluide magnétique correspon-
dait aux deux pôles, l'extrémité indiquée comme la
plus lumineuse étant le pôle austral. Jamais M. Charpignon n'a pu mettre en défaut ses somnambules, qui
reconnaissaient immédiatement la nature des pôles,
*bien qu'ils fussent sur ce sujet d'une ignorance
absolue.*

Une assez longue tige de fer étant présentée à des
somnambules, ils prétendirent la voir chargée d'une
vapeur lumineuse. Ayant relevé et placé cette barre
de fer dans la direction de l'axe magnétique du lieu,
ils s'étonnèrent de voir ce fluide brillant s'accumuler
aussitôt vers les deux extrémités de la tige métallique et former ce qu'ils avaient remarqué dans les
aimants.

Cette vapeur des aimants est plus pâle et moins
brillante que celle des fluides précédemment étudiés ; elle se rapproche beaucoup du fluide nerveux,
mais elle est infiniment moins active et moins péné-
trante.

Le fluide nerveux peut modifier l'électricité naturelle de petits barreaux de fer, de manière à y
déterminer des pôles qui en font des aimants.

Nous avons dit plus haut que les somnambules, qui
voyaient le fluide électrique condensé dans une bouteille de Leyde, prétendaient en voir encore quand
la bouteille n'était pas chargée. Ces contradictions

apparentes firent croire, quelque temps, au Dr Charpignon que les somnambules étaient dupes de leur
imagination, disant juste lorsque le hasard les servait. Cependant, ayant multiplié ses expériences, il
trouva que les somnambules distinguaient parfaitement le fluide électrique du fluide naturel répandu
sur les feuilles d'or de la bouteille, et qu'un fluide
semblable existait sur tous les corps non magnétisés.

Des pièces d'or, d'argent, de cuivre, de zinc, de
fer, furent présentées à ces somnambules, et chacun
de ces objets fut reconnu sans que la vision ordinaire
ou le toucher des doigts y eussent quelque part. La
distinction avait lieu par la nature de la vapeur lumineuse qui entoure chaque objet. Cette vapeur est
plus ou moins brillante suivant tel ou tel métal, en
sorte que l'expérimentateur fut fort surpris de voir
ces somnambules mettre l'or au premier rang et le
bois au dernier, intercalant par ordre l'argent, le
cuivre, le fer et le zinc.

Les somnambules qui étaient moins lucides ne
voyaient rien pour le bois, la pierre, le cuivre et le
fer, et voyaient seulement le fluide naturel de l'or et
de l'argent.

Les sensations que les somnambules éprouvent
en touchant un corps métallique varient selon le métal.

En général, l'or et l'argent soulagent les somnambules sensibles à l'électricité naturelle des métaux,
tandis que le fer, le cuivre et autres métaux négatifs les fatiguent. Cependant, si une douleur locale
est déterminée par une accumulation d'électricité
vitale, en d'autres termes, s'il existe en quelque par-

tie du corps une congestion, une espèce de phlogose
nerveuse, un métal électro-négatif détruit promptement cette douleur. Si la souffrance tient à une
cause contraire, un métal électro-positif apportera
le soulagement. Cette influence des métaux cesse
complètement dès que l'état somnambulique n'existe
plus.

Le Dr Despine expérimenta également l'action des
métaux sur ses somnambules.

« J'avais, dit ce médecin, de grands disques de zinc,
d'argent, de fer, de plomb, de cuivre jaune et rouge ;
je les soumis successivement aux mêmes expériences
(c'était poser un disque sur champ, et la somnambule mettant le doigt sur le sommet de l'axe vertical,
donnait sur le bord perpendiculaire à l'axe un petit
choc avec le médius de l'autre main) ; à chaque coup,
la magnétisée éprouva une secousse. Cette impression
électrique offrait une notable différence suivant les
métaux : ainsi elle restait aux premières phalanges
du doigt ou s'étendait au corps.

« Les disques étant difficiles à tenir et à faire mouvoir, j'établis des espèces d'axes au moyen de petites
pointes d'acier, et je commençai les expériences.
La percussion imprima au disque un mouvement
beaucoup plus rapide, et il en résulta que, du doigt
qui frappait le disque à celui qui le maintenait, il y
eut une véritable commotion électrique.

« Plus tard je pris des disques quadrilatères dont les
les deux angles servaient d'axes. Mes expériences
furent plus positives, et m'amenèrent à reconnaître
que mes *malades en crise* établissaient un ordre

régulier de classement de disques de métal, ordre
qui répondait à celui qu'avaient reconnu les physiciens Avogrado et Micetoli. L'or occupait l'extrême
négatif de la chaîne, et le zinc l'extrême positif, et
successivement, de l'or au zinc, venaient l'argent, le
le cuivre, le fer, le plomb.

« C'est toujours à l'or que les somnambules donnent
la préférence pour alléger les douleurs névralgi-
ques. »

M. Charpignon a observé cinq individus qui, en état
de somnambulisme nagnétique, ne pouvaient sup-
porter la moindre lumière naturelle ou artificielle.
Il leur fallait une obscurité complète, et alors les
facultés somnambuliques acquéraient un développement si parfait que la vision était gênée, lente, et
n'embrassait pas en même temps tous les points de
l'objet.

L'interposition d'un corps opaque entre leurs yeux
et l'objet n'empêchait pas la vision : cet obstacle ne
faisait que la rendre plus lente et plus laborieuse.

Le Dr Charpignon constata pour la première fois
l'influence de la couleur sur l'organisme humain
en voyant une somnambule se plaindre de la tête,
se tourmenter et devenir très agitée, sans qu'il
pût en trouver la cause. « Elle finit cependant par
saisir un mouchoir qui enveloppait sa tête et son cou,
et le jetant au loin, elle me dit qu'il était la cause de
son malaise. Or, ce mouchoir n'était pas de soie et
n'avait rien d'extraordinaire. Je répétai l'expérience
avec des mouchoirs différents, et chaque fois que la
tête fut enveloppée d'un mouchoir rouge, le malaise

revint. J'essayai d'obtenir ce résultat sur d'autres magnétisés, mais je les trouvai presque tous complètement insensibles à toutes les étoffes et à toutes les couleurs. Cependant, j'en rencontrai qui offraient le même phénomène lorsqu'ils portaient quelque étoffe de couleur rouge, et qui me prévinrent que cette couleur les fatiguait. »

Le Dr Despine avait déjà fait une observation analogue.

« Annette Roux, dit-il, fut mise un jour en crise dans une voiture publique, parce qu'un des voyageurs avait un parapluie de *soie rouge cramoisi enfermé dans un gros garrot* qui lui servait de canne. Personne ne le savait dans la voiture que le voyageur à qui il appartenait, et ce fut la jeune fille qui l'indiqua, lorsque son conducteur lui eut demandé, en se mettant en rapport avec elle, pourquoi elle avait pris une crise qu'elle n'avait pas annoncée.

« Le violet a constamment fatigué beaucoup toutes mes malades. »

II

Les travaux de Reichenbach.

A la même époque, Reichenbach, guidé par les mêmes idées et favorisé par une grande fortune, faisait des milliers d'expériences en Autriche sur les propriétés physiologiques et physiques de ce qu'il appelait l'Od et les publiait dans un ouvrage édité à Brunswick en 1849 (1) sous le titre : *Recherches physiques et physiologiques sur les dynamides du magnétisme, de l'électricité, de la chaleur, de la lumière, de la cristallisation, des actions chimiques, considérés dans leurs rapports avec la force vitale.*

C'est à ce livre que sont empruntés les extraits A et B qui suivent (2).

Dans un autre de ces ouvrages publié seulement en 1866, Reichenbach étudiait spécialement les effets mécaniques de l'Od, c'est-à-dire la mise en mouve-

---

1. Reichenbach avait soumis une partie de ses expériences aux savants officiels. Dubois-Reymond les qualifia, en 1845, de « tissu des plus tristes erreurs conçues par l'esprit humain, de fables bonnes à jeter au feu, de roman démodé, de fatras de sorcellerie », et autres aménités du même genre.

2. La traduction intégrale de cet ouvrage, due à M. Lacoste ingénieur civil à Toulon, est actuellement sous presse. Une partie en a déjà été publiée dans mon livre intitulé : *Le fluide des magnétiseurs.*

ment de corps inertes par les effluves humains. On
en trouvera plus loin le résumé sous la rubrique C.

A. — La force odique.

CONCLUSION DES SEPT PREMIERS MÉMOIRES
DU BARON DE REICHENBACH.

L'observation, vieille déjà dans le monde, que l'aimant
réagit d'une manière sensible sur l'organisme humain
n'est pas un mensonge, une erreur ou une superstition ;
c'est un fait bien établi, une loi physico-physiologique
manifeste de la nature.

On peut, aisément et n'importe où, arriver à se con-
vaincre de la vérité et de la précision de ce fait ; car on
rencontrera partout des gens dont le sommeil est plus ou
moins troublé par la lune ou qui souffrent de malaises
nerveux. Presque toutes ces personnes éprouvent l'excitation particulière que donne l'aimant, à un degré assez
considérable, quand on le passe devant leur corps en des-
cendant à partir de la tête. On trouve aussi fréquemment
des gens bien portants et vigoureux qui sentent l'aimant
d'une manière très vive. Un grand nombre le sentent
moins nettement ; d'autres le reconnaissent, mais à un
degré très faible ; enfin la majorité ne peut nullement le
percevoir. Tous ceux qui éprouvent cette action (et ils
semblent former le quart ou même le tiers de l'espèce
humaine) sont désignés ici sous le nom général de *sensitifs*.

Les perceptions de cette influence se révèlent principa-
lement aux deux sens du toucher et de la vue : au sens
du toucher, sous forme d'une apparence de froid ou de
chaleur tiède ; à la vue, par des apparences de lumière
émanant des pôles et des côtés des aimants, quand le sensitif est resté longtemps plongé dans une obscurité pro-
fonde.

La faculté d'exercer une telle influence n'existe pas seulement dans les aimants d'acier que nous fabriquons dans nos laboratoires et dans le fer magnétique naturel : la nature la met en évidence dans nombre de cas infiniment variés ; et, en premier lieu, il faut citer notre globe tout entier qui, par le magnétisme terrestre, agit avec plus ou moins de puissance sur les personnes sensitives.

C'est encore la lune qui, exactement par la même force, réagit sur la terre et ainsi sur les sensitifs.

Ensuite, tous les cristaux, naturels ou artificiels, dans la direction de leurs axes.

De même la chaleur, le frottement, l'électricité, la lumière, les rayons du soleil et les étoiles, les actions chimiques, puis la force vitale organique aussi bien dans les plantes que dans les animaux.

La cause de ces phénomènes est une force particulière qui s'étend sur tout l'univers et diffère de toutes les forces connues jusqu'à ce jour. Nous la désignerons ici sous le nom d'*Od*.

Cette force diffère essentiellement de celle à laquelle on a donné jusqu'à présent le nom de *Magnétisme*, car elle n'attire ni le fer, ni les aimants. Les corps qui en sont chargés n'ont pas de tendance à prendre une direction particulière sous l'influence du magnétisme terrestre. Quand on les suspend, ils ne sont pas troublés par le voisinage d'un courant électrique, et ils ne sont pas capables d'induire un courant galvanique dans des fils métalliques.

Quoique cette force diffère de ce que nous désignons sous le nom de magnétisme, elle se présente dans toutes les circonstances où l'on voit apparaître l'od. Cette force a donc son existence propre, indépendante du magnétisme, bien que celui-ci ne soit jamais affranchi d'une certaine connexité avec l'Od.

La force odique est douée de polarité. Elle se présente aux deux pôles de l'aimant avec des propriétés différentes, mais constantes. Au pôle Nord, elle produit, en règle générale, une sensation de fraîcheur au toucher, dans la passe de haut en bas, et donne lieu dans l'obscurité à une flamme

bleue ou d'un gris bleuâtre ; au pôle Sud, elle donne au
contraire une sensation de chaleur tiède et une lumière
rouge, tournant quelquefois au gris ou au jaune. La première de ces sensations se lie à une impression de plaisir
marqué ; la seconde à du malaise ou à de vives douleurs.
Les cristaux et les êtres organisés vivants présentent, comme les aimants, une polarité très nette.

Dans les cristaux, les pôles odiques se trouvent aux pôles
des axes ; dans les cristaux qui possèdent plusieurs axes,
il y a plusieurs axes odiques doués d'une puissance inégale.

Dans les plantes, la partie ascendante du tronc au-dessus
du collet est, dans son ensemble, d'une polarité opposée à
la partie descendante ; mais il existe dans chacun des organes séparés une quantité innombrable d'autres polarités
secondaires.

Dans les animaux, ou tout au moins dans l'homme, le
côté gauche tout entier se trouve en opposition odique avec
l'ensemble du côté droit. La force est concentrée en pôles,
aux extrémités, dans les mains et les doigts, dans les deux
pieds ; plus fortement dans les mains, plus faiblement dans
les pieds. Dans l'ensemble de ces polarités, il se trouve
cependant un grand nombre de polarités spéciales subor-
données aux premières et de moindre importance, d'organes individuels opposés les uns aux autres qui manifestent
ainsi une bipolarité indépendante.

Sur le globe terrestre, le pôle Nord est considéré comme
positif au point de vue magnétique et le pôle Sud comme
négatif. Par suite, le pôle de l'aiguille aimantée dirigé vers
le Nord est considéré comme négatif et le pôle dirigé vers
le Sud comme positif (1).

---

1. En France, on a adopté une convention inverse, et on
appelle pôle positif ou pôle Nord le pôle de l'aiguille aimantée qui se dirige vers le Nord, et pôle négatif ou pôle Sud le
pôle opposé. Les Français qui ont étudié cette polarité sont

Conformément à cette convention, j'ai appelé odiquement *pôle négatif* ou *od* — les pôles odiques de tous les corps quand ils présentent les mêmes propriétés que le pôle de l'aimant qui se dirige vers le *Nord*, et *pôle positif* ou *od* + ceux qui présentent les mêmes propriétés que le pôle de l'aimant se dirigeant vers le *Sud*.

Par conséquent, dans les cristaux, le pôle qui donne la passe descendante froide est od-négatif, et celui qui donne la chaleur est od-positif.

Dans les plantes, en polarité générale, la racine est od-positive ; la tige et son extrémité supérieure sont od-négatives.

Dans l'homme, le côté gauche avec sa main et l'extrémité des doigts est chaude, désagréable et de lumière rouge : donc od-positif. Le côté droit, sa main et le bout des doigts sont frais, agréables et de lumière bleue, c'est-à-dire od-négatifs. Il en est de même chez les animaux.

Dans la lumière directe du soleil, réfractée à travers un prisme à arêtes horizontales, le rayon rouge et ceux qui sont au-dessous se manifestent comme od-positifs ; le rayon bleu et ceux qui sont au-dessus, c'est-à-dire ceux qu'on appelle rayons chimiques, sont od-négatifs ; donc le spectre est odiquement polarisé.

Les corps amorphes, dont les parties intégrantes ne présentent pas la disposition cristalline, ne manifestent pas de polarité spéciale ; mais chacun d'eux séparément impressionne plus ou moins le sens du toucher en chaleur ou en froid odique. Cette action se produit avec des degrés d'intensité qui varient avec la nature de ces corps, de sorte u'ils se disposent en série et forment une chaîne continue

---

partis de cette convention ; de là, une contradiction apparente dont il faut tenir compte avec la plus grande attention quand on consulte les sources. On verra que les couleurs bleue et rouge, en outre, s'inversent quelquefois suivant l'état du sujet.

de degrés semblables à la série qu'ils constituent au point de vue de leurs propriétés électriques que nous appelons « électro-chimiques ». Tous les corps simples forment de même une série odique où se trouvent, à une extrémité, les corps les plus fortement od-polarisés positivement, tels que le potassium, etc., et, à l'autre, les plus fortement od-négatifs, comme l'oxygène, etc. Ce groupement semblant coïncider très exactement avec la série électro-chimique, on peut lui donner le nom de série *od-chimique*.

La chaleur et le frottement dégagent od + ; le froid et la lueur du feu, od —.

L'action chimique varie en qualité odique suivant la nature des corps qui sont en jeu ; mais jusqu'ici, on l'a presque toujours trouvée od-négative.

Parmi les corps célestes, ceux qui n'ont pas de lumière propre, comme la lune et les planètes, semblent od-positifs dans leur effet principal ; ceux qui sont doués de lumière, comme le soleil et les étoiles fixes, présentent, au contraire, un effet principal od-négatif, mais leur spectre présente également le phénomène de la polarité.

La force odique est conductible à travers les corps. Tous les solides et tous les fluides conduisent l'od jusqu'à des distances qui n'ont point encore été déterminées. Non seulement les métaux, mais aussi le verre, la résine, la soie et l'eau sont de parfaits conducteurs. Les corps présentant une moindre cohésion sont un peu moins bons conducteurs ; tels sont le bois, le papier, les étoffes de coton ou de laine, etc. Ils présentent donc un obstacle, faible il est vrai, à la transmission de la force d'un corps à un autre.

La transmission de l'od s'effectue beaucoup plus lentement que celle de l'électricité, mais beaucoup plus vite que celle de la chaleur. On peut presque, en se hâtant un peu, suivre sa propagation le long d'un fil.

L'od peut être transféré et communiqué d'un corps à un autre ; ou, du moins, un corps dans lequel existe une manifestation d'od libre produira dans un autre un état odique excité et de la même manière.

Le transfert a lieu par contact ; mais le simple voisinage, sans contact réel, suffit pour le produire, quoique avec un effet plus faible.

Ce transfert ne s'accomplit pas très rapidement, mais demande un certain temps, quelques minutes, pour avoir lieu d'une façon parfaite.

Ni dans la conductibilité, ni dans le transfert, la polarité ne se manifeste : la pénétration des corps par l'od semble plutôt être le résultat d'un certain arrangement moléculaire de la matière.

La durée de l'état odique dans les corps, après qu'ils ont été complètement chargés et que le corps qui a servi à cette opération a été éloigné, est courte et varie suivant la nature de la substance. Elle est rarement perceptible au-delà de quelques minutes pour les personnes en bonne santé et vigoureuses ; elle est quelquefois perçue, même après quelques heures, par des personnes malades, sensitives à un haut degré : par exemple, dans l'eau magnétisée. Par conséquent, la matière possède sur l'od un certain pouvoir coercitif.

Les corps odisés, soit par contact, soit simplement par voisinage, présentent à leur extrémité opposée à la source d'od des émanations sensibles d'od, chaudes ou froides, positives ou négatives, selon le pôle duquel elles émanent.

L'od partage avec la chaleur la propriété de se manifester par deux états : l'un inerte, procédant lentement à travers la matière ; l'autre à l'état d'effluves.

A l'état d'effluves, l'od provenant des aimants, des métaux, du corps humain, et spécialement des mains, est perçu par les sensitifs en bonne santé, instantanément ou du moins sans durée de temps appréciable, à travers une longue enfilade de chambres.

A l'état inerte, l'od répand son action sur les corps voisins, dans toutes les directions, lentement et d'une manière simultanée ; cette action est d'une intensité variable suivant qu'elle est due au frottement, à l'électricité, à la chaleur, aux actions chimiques, et à la matière en général ; elle traverse les vêtements, les murailles, mais moins facilement qu'à l'état d'effluves, et, par conséquent, avec une certaine lenteur.

La conduction et le transfert par simple voisinage des pôles, des cristaux et des aimants aussi bien que par celui des mains et des corps od-polarisés à un degré élevé semblent être également dus à des radiations de l'od, dont ce qu'on appelle le magnétisme animal est un des effets.

Les courants électriques, en traversant des sensitifs, ne produisent pas d'excitation odique appréciable et n'agissent pas sur eux d'une façon notablement différente que sur les personnes ordinaires ; mais ils agissent sur ces sensitifs d'une manière médiate, avec une intensité proportionnelle aux perturbations odiques qu'ils occasionnent dans d'autres corps. Les métaux placés dans un champ électrique manifestent des phénomènes odiques très caractérisés.

La lumière émise par les corps excités odiquement est toujours faible et, par suite de cette faiblesse, n'est pas visible à tous les yeux. Les personnes qui ne sont pas d'une sensibilité extrême sont obligées de rester une heure entière, quelquefois même deux heures dans une obscurité absolue avant que leurs yeux soient devenus aptes à percevoir la lumière odique. La cause de ce fait ne doit pas résider uniquement dans une acuité spéciale de l'organe visuel, car tous ceux qui voient l'od sont, sans exception, doués d'une excitabilité particulière pour percevoir, au moyen du toucher, les sensations odiques et pour les distinguer selon leur chaleur ou leur fraîcheur apparente, suivant l'impression agréable ou pénible qu'elles leur causent d'après des lois constantes. Du moment que ces diverses facultés sont toujours toutes réunies ensemble chez certaines personnes ou qu'elles sont toutes à la fois absentes chez certaines autres, on doit les considérer comme liées entre elles et dépendantes, non d'une qualité spéciale des organes des sens pris isolément, mais d'une disposition particulière du système nerveux dont les conditions ne nous sont pas encore connues.

La lumière odique des corps est une espèce de lueur

interne et externe qui apparaît dans la masse tout entière comme la phosphorescence, et qui dépend peut-être de la même cause ; tout autour est répandu un léger voile lumineux semblable à un duvet délicat de flamme.

Dans des corps différents, la lumière se présente avec des couleurs différentes : bleue, rouge, jaune, verte, pourpre, presque blanche ou grise. Les corps simples, les métaux surtout émettent la lumière la plus éclatante ; les corps composés, comme les oxydes, les sulfures, les iodures, les hydrocarbures, les silicates, les sels de toute espèce, les verres et même les murs d'une chambre, sont tous lumineux.

Là où la lumière odique se présente polarisée comme dans l'aimant et dans les cristaux, elle forme un courant semblable à une flamme qui émane des pôles, qui échappe presque en droite ligne des branches de l'aimant et des axes des cristaux et qui s'étend jusqu'à une certaine distance des pôles en décroissant d'intensité. Cette lumière présente toutes les brillantes couleurs de l'arc-en-ciel. mais le rouge domine au pôle positif et le bleu au pôle négatif. De plus, les aimants, les cristaux, les mains ainsi que les corps amorphes paraissent lumineux dans toute leur masse et même recouverts d'un léger voile de vapeur lumineuse.

Les êtres humains sont lumineux sur presque toute la surface de leur corps, mais particulièrement sur les mains (avec un maximum d'intensité sur la paume de la main, les bouts des doigts, les pouces), sur les yeux, diverses parties de la tête, le creux de l'estomac, etc. Des jets de lumière, pareils à des flammes plus brillantes. s'échappent en ligne droite des extrémités des doigts, des yeux, des narines, des oreilles.

L'électricité et même la simple atmosphère électrique renforcent, à un haut degré, les phénomènes lumineux odiques ; pourtant, cet effet n'est pas instantané et n'a lieu qu'au bout d'une couple de minutes.

L'électro-aimant se comporte comme l'aimant ordinaire au point de vue des émanations odiques et il est capable de renforcer les phénomènes lumineux d'une manière exactement proportionnelle à sa capacité d'excitation magnétique.

Les rayons du soleil et ceux de la lune chargent odiquement tous les corps sur lesquels ils tombent ; et cette charge, conduite au moyen de fils métalliques dans l'obscurité, donne à leur extrémité une flamme odique.

La chaleur, le frottement et la lumière du feu produisent une luminosité visible sur les fils métalliques et donne à leur pointe placée dans l'obscurité une flamme semblable à celle d'une bougie.

Toute action chimique, ne fût-ce qu'une simple dissolution dans l'eau ou l'abandon de l'eau de cristallisation par les sels efflorescents, donne des effets identiques, à un degré très intense, sur un fil plongé dans la masse. Toute action de décomposition émet des flammes odiques et répand une lueur odique.

Le pôle positif donne une flamme plus petite mais plus intense que celle du pôle négatif. La première est jaune et rouge ; la seconde bleue et grise. La flamme odique irradie une lumière qui éclaire les corps voisins ; elle peut être recueillie au moyen de lentilles de verre et concentrée à un foyer. Les émanations odiques des corps et spécialement de leurs pôles doivent donc être distinguées de la lumière, lueur odique proprement dite.

On peut faire fléchir toutes les flammes odiques au moyen de courants d'air ; on peut les détourner, les faire onduler, s'abaisser, les séparer, en soufflant dessus. Si elles rencontrent des corps solides, elles les contournent suivant leur surface et brillent en s'en éloignant comme celles du feu ordinaire. Elles sont évidemment de nature complètement matérielle.

On peut donner à ces flammes telle direction qu'on veut, les diriger en haut, en bas, d'un côté ou d'un autre. Elles sont donc, jusqu'à un certain point, indépendantes de l'influence du magnétisme terrestre.

Les émanations de lumière odique recherchent les angles plans ou solides et les points où, de même que l'électricité, elles trouvent une issue plus facile ; fait qui concorde avec celui des obstacles au passage de l'od observés à propos de la conductibilité. En ces points, les sensations de froid ou de chaud et les phénomènes lumineux se manifestent toujours avec la plus grande intimité.

Les flammes odiques émanant de pôles contraires ne montrent aucune tendance à se réunir, il n'y a entre elles aucune attraction mutuelle perceptible, c'est là une différence absolue avec l'action magnétique.

Tous les corps od-positifs émettent des flammes odiques chaudes ; les corps od-négatifs, des flammes froides. Les flammes odiques portent donc avec elles, par rapport à leur température apparente, le caractère de leur pôle, et ce fait peut servir à déterminer la qualité odique du corps auquel elles appartiennent.

Dans beaucoup de cas de maladie, notamment dans les accès cataleptiques, on a observé une espèce particulière d'attraction exercée par les pôles odiques des aimants des cristaux et des mains sur la main des personnes d'une sensibilité anormale.

Dans l'organisme animal, la nuit, le sommeil, la faim, diminuent les actions odiques ; la nourriture, la lumière du jour et l'activité les entretiennent et les augmentent. Dans le sommeil, le foyer de l'activité odique est transporté à des parties différentes du système nerveux. Pendant les vingt-quatre heures de la période journalière, une fluctuation périodique comportant un accroissement et une diminution de la force odique se produit dans le corps humain.

B. — En quoi l'od diffère de la chaleur, de l'électricité et du magnétisme.

Différences avec la chaleur.

a) — Les émanations odiques procurent à tous les sensitifs, des impressions de toucher froides ou chaudes, qui vont parfois jusqu'à un froid glacial ou à une chaleur brûlante ; pour mieux dire, ces émanations excitent des sensations qui *semblent* être telles. Mais, quand on les dirige sur le thermomètre, elles n'ont sur lui la plus légère action. Le thermoscope Nobili lui-même n'est pas impressionné ; les pôles des cristaux, ni celui qui donne du froid, ni celui qui dégage de la chaleur, n'affectent en rien cet instrument.

b) — Il se présente beaucoup de cas où la chaleur et l'od donnent lieu à des effets diamétralement opposés. La main droite produit sur un sensitif une impression de froid ; mais elle a toujours sur un thermoscope délicat un effet inverse et produit de la chaleur. Les rayons du soleil procurent du froid au sensitif et au contraire échauffent le thermomètre. Le clair de lune donne lieu chez le sensitif à une sensation de chaleur très nettement accusée qui n'est pas indiquée par le thermoscope d'une manière sensible. Du charbon ardent, la flamme des corps brûlants de toute nature irradient sur les nerfs des sensitifs un effet de froid remarquable, tandis qu'au contraire le thermomètre accuse l'effet de rayons calorifiques. Les combinaisons chimiques donnent naissance à des impressions de froid, tandis que le thermoscope indique fréquemment un dégagement de chaleur.

c) La conductibilité de l'od par les métaux dépasse toutes les limites de la conductibilité de la chaleur. Un fil de cuivre d'une grande longueur (environ vingt mètres) chargé odiquement à l'une de ses extrémités produit à l'autre des degrés divers de sensation odique. De même pour une règle de bois, une baguette de verre, un ruban de soie, une bande de toile ou de coton de plusieurs mètres de longueur, tous corps qui sont bien loin de pouvoir conduire la chaleur de la même manière.

d) L'od pénètre rapidement les corps solides ; les sensitifs sentent un cristal, un homme, un aimant derrière un mur épais, en quelques secondes et sans avoir été avisés de leur présence ; la plus grande chaleur nécessiterait plusieurs heures pour commencer à être seulement perceptible de l'autre côté. Personne ne sent les rayons du soleil à travers un mur, et surtout ne les sent sous forme de fraîcheur ; mais un sensitif distingue immédiatement, à l'intérieur d'un bâtiment, un mur sur lequel le soleil frappe d'avec un autre qui est à l'ombre.

e) Les rayons odiques concentrés sont perçus à des distances incroyables par les personnes excessivement sensibles : les aimants, les pôles des cristaux, les mains humaines et les astres le sont à des distances de plus de cent mètres ; de faibles rayons calorifiques, émis par des corps à la température de l'air ambiant, ne sont indiqués par aucun instrument à des distances semblables, et les sensitifs ne les perçoivent pas davantage.

f) Ni la chaleur odique, ni le froid odique ne modifient la densité ou le volume des corps. Un thermomètre peut même parfaitement être chargé de force odique, être chaud et positif, ou froid et négatif, sans que son niveau fasse le plus léger mouvement ; or tout le monde connaît les effets produits par la chaleur sur le thermomètre.

g) Nous savons déjà que des grandes différences d'état odique existent entre les diverses couleurs du spectre solaire ; nous les étudierons encore plus en détail dans ce mémoire et les suivants ; je me borne à rappeler que quand je faisais tomber les rayons du soleil, de la lune ou d'un feu, sous une incidence d'au moins 35°, sur un disque composé de dix épaisseurs de verre et que je décomposais en spectre au moyen du prisme, la lumière ainsi transmise, les personnes même modérément sensiti-

ves constataient toutes de grandes différences de température entre les diverses couleurs ; et cela dans des points
où, autant que nous pouvons le savoir, on ne peut trouver
trace de chaleur positive ou négative.

h) — Des fils métalliques, qui semblent aux sensitifs
être doués d'une grande chaleur au point de vue odique,
restent tout à fait à la température ambiante aussi bien
pour les personnes qui n'ont que des sensations ordinaires
que pour le thermoscope.

i) — Etant donnés deux verres d'eau, si l'un d'eux
était laissé à l'ombre et l'autre exposé aux rayons du soleil
pendant quelques minutes, toutes les personnes sensitives
reconnaissaient celui qui avait subi l'action des rayons calorifiques et le trouvaient plus frais que l'autre.

k) — Il y a plus : une baguette de porcelaine chauffée
directement sur le feu par un bout, ou bien un morceau
de bois allumé, étaient tenus à la main par l'autre bout.
Les sensitifs les trouvaient devenus beaucoup plus frais.

Par conséquent *la chaleur est, dans des circonstances
déterminées, une source de froid odique.* La chaleur
diffère donc essentiellement de l'od.

DIFFÉRENCES AVEC L'ÉLECTRICITÉ.

Les phénomènes odiques se présentent souvent là où les
phénomènes électriques, ou bien ne se manifestent pas extérieurement ou même n'existent à aucun degré, autant du
moins que nous en pouvons juger. Nous trouvons dans ce
cas la lumière du soleil, celle de la lune, les spectres lumineux transmis à travers dix lames de verre, les cristaux,
les mains, et aussi une partie des actions chimiques, etc.

a) — L'od est réparti à travers la masse entière de la
matière ; une sphère métallique creuse est baignée par sa
lumière à l'intérieur aussi bien qu'à l'extérieur ; un verre
d'eau odisée produit au goût l'impression odique dans
sa masse ; même si on verse l'eau dans un autre vase, elle

reste complètement odisée. — L'électricité libre n'existe qu'à la surface des corps.

L'od peut être transféré dans l'intérieur d'une chambre, à tous les objets, à l'air même, au moins pendant quelque temps. — Le Dr Faraday n'a pu accumuler l'électricité dans aucun point d'une chambre, même spécialement disposée à cet effet : toute l'électricité s'échappait immédiatement pour se fixer aux parois de la pièce.

b) — Quand l'od libre est accumulé dans un corps, il y est retenu de telle sorte qu'il n'en peut être que difficilement écarté ; il faut quelque temps (d'un quart d'heure à une heure) pour qu'il disparaisse par le contact d'un autre corps. — L'électricité libre est immédiatement chassée d'un corps isolé, par le contact d'un autre corps.

c) — L'od peut être transmis à des corps non isolés et y être accumulé dans une certaine proportion. — L'électricité peut être communiquée et concentrée uniquement dans le cas de corps isolés, et jamais dans le cas de corps non isolés.

d) — Tous les corps qui possèdent la simple continuité de matière sont presque également bons conducteurs de l'od ; ceux qui ont un peu moins de cohésion sont seulement un peu plus mauvais.—L'électricité au contraire n'est bien conduite que par les métaux ; elle l'est mal par beaucoup d'autres corps, et à aucun degré pour quelques-uns.

La conduction de l'od dans les meilleurs conducteurs, tels que les fils métalliques, s'opère lentement (de 20 à 40 secondes pour un fil de 40 à 50 mètres de longueur) (1), tandis que l'électricité parcourt, dans un temps infiniment plus court, des distances un million de fois plus considérables.

e) — La perméabilité par l'od est un caractère commun à tous les corps ; il n'y a entre eux à cet égard que de légères différences présentant peu d'importance. — D'autre

---

1. C'est à peu près la vitesse de l'influx nerveux dans le corps humain.

part, l'électricité est arrêtée par un grand nombre de corps qui sont presque incapables d'être pénétrés par elle et qui opposent à sa propagation des obstacles insurmontables.

f) — L'action de l'électricité sur l'od se produit à de bien plus grandes distances et avec bien plus d'intensité que celle de l'électricité sur l'électricité. Une faible charge électrique, provenant d'une étincelle d'un demi-centimètre de longueur, produit un courant odique actif dans un fil métallique à une distance de deux mètres, tandis qu'un conducteur d'électricité dans les mêmes conditions ne produirait aucun effet actif sur l'autre.

g) — L'excitation de la production de l'od par l'électricité n'a pas lieu instantanément, mais demande toujours un temps appréciable : souvent quarante secondes, quelquefois davantage. Cela résulte aussi bien de la production des sensations que de celle de la lumière. Un électrophore de résine est électrisé bien longtemps avant qu'on puisse y voir apparaître les flammes odiques ; un fil métallique galvanisé ou électrisé ne commence à manifester la chaleur odique que lorsqu'il a été traversé quelque temps par le courant, ou lorsque la décharge de la bouteille de Leyde a eu lieu depuis quelques secondes ; dans un multiplicateur Schweiger, la lumière odique ne commence à apparaître que de cinq à quinze secondes après que s'est produit le mouvement de l'aiguille. — Au contraire, toutes les manifestations et tous les effets de l'électricité sont instantanés.

h) — D'un autre côté, la durée des phénomènes odiques est incomparablement plus longue que celle des phénomènes électriques correspondants. Lorsqu'un fil rendu odiquement incandescent par le moyen de l'électricité est soustrait au courant, sa luminosité persiste de trente secondes à une minute, et même, après une forte décharge de la bouteille de Leyde, jusqu'à deux minutes, puis disparaît lentement. Dans le multiplicateur, l'aiguille magnétique déviée se replace dans le méridien. longtemps avant que la bobine de fil métallique cesse d'émettre de la lumière odique. Certaines manifestations de flammes odiques dans des conducteurs, des plaques métalliques ou des fils de communication, ne commencent nullement, dans l'électrisation de ces corps, au moment où ils reçoivent leur charge électrique maxima, mais après que la déperdition a commencé depuis quelque temps ; quand la source cesse d'agir les phénomènes odiques disparaissent, mais graduellement et lentement, même dans le cas de conducteurs non isolés ; leur état odique se maintient souvent pour les sensitifs (par exemple quand il s'agit d'eau ou de personnes) pendant une heure environ.

i) — Mais il se présente aussi parfois le fait inverse, la lumière odique disparaissant plus rapidement que l'excitation électrique : un électrophore perd de sa luminosité odique après avoir été frotté avec la peau, au bout de peu de temps (dix minutes environ); tandis que la charge électrique du gâteau de résine se maintient pendant des jours et des semaines. Il résulte de ce fait que l'od est bien excité par chaque action électrique, mais qu'il conserve son allure indépendante.

k) — La plus grande partie des flammes odiques montrent une tendance constante à s'élever verticalement ; l'électricité ne manifeste aucune tendance semblable, qu'elle soit en mouvement ou en repos.

l) — Les apparences de lumière odique de grande dimension qui se produisent sur des plaques métalliques électrisées non isolées n'adhèrent pas au métal, mais semblent couler à sa surface comme l'aurore boréale à la surface de la terre ; les courants électriques restent toujours tout à fait sur le métal, partout où il se présente dans leur parcours.

m) — Les effluves odiques ne sont pas exclusivement limitées aux pointes qui se trouvent à portée, mais se produisent aussi sur les côtés mêmes des corps dentelés ; c'est ce qui se produit dans les grands cristaux eux-mêmes. Dans des cas analogues, l'électricité ne s'écoule jamais que par les pointes. Dans une chaîne hydro-électrique, tous les éléments dégagent de la lumière et des sensations odiques ; dans les courants électriques, nous ne sommes avertis de l'activité interne et de l'existence complète du circuit électrique que lorsque la chaîne est fermée.

n)—Les courants odiques manifestent un remarquable degré d'indépendance par rapport à l'électricité, même quand ils sont excités par cet agent. Des lames métalliques isolées, sur lesquelles apparaissent à la fois ces deux forces peuvent être tenues à la main, et des fils métalliques traversés par des courants peuvent toucher le sol, sans que la lumière odique éprouve d'altération dans ses effluves ; or, on sait que, dans ces circonstances, les effluves électriques se diffusent dans le réservoir commun.

o) — Les flammes odiques, quels que soient les corps dont elles sortent (positifs ou négatifs) ne montrent aucune tendance à s'unir ou à se neutraliser mutuellement quand on les rapproche ; si elles se rencontrent, elles continuent leur route ensemble ; quand elles proviennent de directions diamétralement opposées, elles se repoussent l'une l'autre. Des électricités de nom contraire se neutralisent mutuellement avec une violente attraction.

p) — Quant aux phénomènes d'influence et d'induction, qui, dans l'électricité, jouent un rôle si remarquable, je n'ai pu jusqu'ici les rencontrer avec certitude dans les phénomènes odiques.

q) — La tourmaline électrique, de même que tout autre cristal, excite vivement les sensitifs par ses pôles ; mais la chaleur n'altère pas son action odique, ne la rend pas plus forte, et l'électricité ainsi développée n'est pas sentie d'une manière perceptible.

r)—Le fait le plus saillant est peut-être le contraste entre l'effet violent de l'od sur l'excitabilité des sensitifs, et l'insensibilité dont ils font preuve vis-à-vis des effets électriques, et qui est telle que même des personnes sensitives à un degré élevé ne sentent pas ces effets avec plus d'intensité que les gens bien portants. Des courants électriques dus à la pile hydro-électrique ou au frottement, ou la décharge d'une bouteille de Leyde, sont supportés par ces sensitifs aussi aisément que par d'autres personnes. Le fait de caresser un chat, l'approche d'un orage, les expériences faites avec le tabouret isolé, sont agréables à beaucoup d'entre eux.

Tout cela prouve que le fossé qui sépare l'od de l'électricité est très profond.

DIFFÉRENCES AVEC LE MAGNÉTISME

L'od se forme ou se montre, d'une manière active, dans un grand nombre de cas où le magnétisme ne laisse voir aucun indice de son existence ou nous est absolument inconnu : dans beaucoup d'opérations chimiques, dans les phénomènes vitaux, dans les cristaux, dans le frottement, dans les spectres de la lumière du soleil, de la lune ou d'une bougie, dans la lumière polarisée, et en général dans le monde matériel amorphe.

a) — Le développement de l'od a lieu indépendamment du magnétisme et sans lui dans la plupart des cas. — Le magnétisme ne se rencontre jamais seul, mais toujours associé à l'od.

b) — Dans des cas où le magnétisme semble donner des indices de sa présence, mais où la science n'a pas encore admis celle-ci sans conteste faute d'effets assez nets comme dans les rayons du soleil et de la lune, l'od se manifeste avec une intensité et une variété d'effets tout à fait étonnants ; il semble capable, dans certaines circonstances particulières, d'ébranler les fondements mêmes de la vie.

c) — L'interposition d'un brouillard ou d'un nuage devant la lumière du soleil ou de la lune affaiblit immédiatement d'une manière considérable leurs effets sur les sensitifs. — Le magnétisme n'est diminué par aucune action étrangère, pas plus par celle de la vapeur que par nulle autre.

d) — Le transfert de l'od peut s'effectuer d'une manière exactement semblable dans toute matière, solide ou fluide ; les métaux, l'acier, les sels, le verre, le lait, la résine, l'eau, tous ces corps sont susceptibles, avec de légères différences entre eux, d'être chargés d'od. — Le magnétisme ne peut se communiquer qu'à un petit nombre de corps ; on ne sait cependant encore rien au sujet de la transférabilité du diamagnétisme.

e) —Quand des objets de cette nature son chargés d'od, ils agissent sur les sensitifs exactement de la même manière que les aimants. Cependant il n'existe pas en eux la trace la plus imperceptible du magnétisme : ils n'attirent pas le fer, même sous la forme de limaille.

f)—Le pouvoir coërcitif de l'acier par rapport à l'od a été observé dans une période de temps qui n'excédait pas une heure environ, c'est-à-dire peu supérieure à sa durée dans l'eau, le fer, etc. On sait que pour le magnétisme, il persiste plusieurs années, tandis qu'ils est tout à fait impossible de le constater dans l'eau, le fer, etc. Ainsi, le magnétisme reste à demeure dans l'acier, tandis que l'od ne peut y rester par lui-même, mais disparaît rapidement.

g)—L'od peut aussi être conduit par des substances telles que la résine, le verre, le bois, des cordons de soie, des bandes de coton, etc., à des distances de plusieurs mètres. — Nous n'avons connaissance de rien de semblable avec l'aimant.

h) — L'od peut être conduit par un fil de fer à plusieurs mètres de distance, et être perçu par un sensitif.— Un fil de fer d'environ quinze mètres de longueur et deux millimètres de diamètre, étendu dans le parallèle magnétique, et mis en contact avec le pôle nord d'un aimant en fer à cheval à neuf lames, ne m'a pas permis de constater, à son autre extrémité, la moindre trace de magnétisme.

i) — La distance d'action des corps qui émettent de l'od (comme les mains, les cristaux ou les corps électrisés) est au moins aussi considérable que celle de barreaux aimantés de même dimension, et souvent beaucoup plus grande. J'ai expérimenté et comparé les deux actions à une distance de quarante et un mètres à travers l'air ; l'influence odique se faisait encore sentir tandis que jamais on n'a vu d'aimants semblables agir magnétiquement à cette distance.

k) — Les émanations odiques ont été trouvées soumises à une sorte de réfraction, tout au moins avec certitude dans les cas où elles sont accompagnées de rayons lumineux. J'ai reconnu qu'un prisme de verre, en même temps qu'il sépare les couleurs, produit aussi des divisions analogues dans l'od qui, aussi bien que les rayons lumineux, peut être réfracté par le verre. Puisqu'il accompagne la lumière d'une manière si complète que, dans chaque couleur du spectre, apparaît, si je puis m'exprimer ainsi, une couleur odique différente, il est évident que les rayons de l'od sont réfractés en même temps que ceux de la lumière, et exactement de même ; par conséquent que les émanations odiques, quelle qu'en soit la nature, sont réfrangibles au moyen du verre comme les rayons lumineux. Mais cette propriété manque absolument au magnétisme que rien ne peut arrêter, que rien ne peut dévier, ainsi que l'a récemment démontré Haldat d'une manière irréfutable au moyen de son magnétomètre. Il affirme expressément que les émissions de magnétisme qui sortent des corps ne peuvent être réfractées ni réfléchies (*L'Institut*, 27 mai 1846, p. 647).

l) — Il est démontré que la distribution de l'od dans les corps, l'eau par exemple, a lieu à travers toute la masse : l'eau magnétisée peut être versée d'un verre dans un autre, et quand on la boit on la trouve odisée avec la même intensité jusqu'aux dernières gouttes ; des métaux odiquement lumineux semblent translucides, et brillent dans toute leur épaisseur ; des sphères creuses odisées manifestent dans leur intérieur des phénomènes très nets d'action odique. — Le magnétisme, d'après les recherches de Barlow, est restreint exclusivement à la surface des corps.

m) — Il a été reconnu que l'od répand autour de lui des zones sphériques de polarité alternativement contraire, semblables à celles de l'électricité. Rien de pareil n'a été observé avec l'aimant.

n) — L'od n'a pas d'attraction pour le fer et ne peut le soulever, même à l'état de limaille fine. L'effet le plus saillant de l'aimant consiste dans ce pouvoir qui est très considérable. Au point de vue des propriétés odiques, les cristaux et les mains d'une grandeur égale à celle de l'aimant non seulement lui sont équivalents, mais même supérieurs en force, surtout les mains.

o) — Des corps odiques suspendus n'affectent aucune direction particulière sous l'influence du magnétisme terrestre, qui dévie les corps aimantés et les oriente suivant le méridien magnétique.

p) — Dans le règne minéral les flammes des *od-pôles* ne manifestent pas d'attraction sensible l'une pour l'autre ; tandis que les pôles de l'aimant et leurs lignes de force présentent une attraction réciproque très puissante. — Les flammes, odiques, même quand elles brillent côte à côte émanant des pôles d'un aimant en fer à cheval, ne manifestent aucune attraction l'une pour l'autre. Il y a plus : quand les flammes de polarité contraire sont dirigées l'une vers l'autre, non seulement elles ne sont pas attirées quand on les rapproche, mais elles se repoussent mutuellement aux points où elles sont forcées de se réunir. — Ces faits sont en complète contradiction avec tout ce que nous connaissons du magnétisme.

q) — Quand les deux branches d'un aimant en fer à cheval sont placées dans une direction horizontale, la flamme odique s'écoule horizontalement en ligne droite des deux branches et elle s'élève en même temps des deux pôles sous la forme d'un arc ; tendance qui n'a jamais été observée dans le magnétisme.

r) — Une certaine proportion de lumière odique se dégage encore des pôles magnétiques d'un fer à cheval, longtemps après que les pôles ont été rendus extérieurement indifférents au point de vue magnétique par l'application de l'armature. L'effluve magnétique a cessé, mais l'effluve odique persiste encore, quoique affaibli.

s) — Même lorsque deux pôles magnétiques puissants de nom contraire sont réunis, et qu'ils se neutralisent l'un l'autre, une émanation de flammes odiques persiste néanmoins sans interruption, quoique notablement amoindrie.

t) — Des aimants introduits dans l'atmosphère électrique d'un conducteur peuvent avoir leur polarité odique inversée, tandis que leur polarité magnétique ne subit aucune modification. L'électricité exerce donc une influence sur la première de ces propriétés, tandis qu'elle n'en a aucune sur la seconde.

u) — L'apparition de l'od et celle du magnétisme ne se

présentent jamais simultanément dans leur production. Quand un courant galvanique agit sur un multiplicateur ou sur un appareil à rotation, la réaction sur le barreau magnétique est instantanée ; la lueur odique et les effets sur le sens du toucher ne se présentent qu'après un intervalle de quelques secondes, et avec d'autant plus de lenteur et de retard que les fils conducteurs sont plus longs. Le même cas se présente pour la cessation de l'effet : la réaction magnétique s'arrête dès que le courant galvanique est interrompu, tandis que les phénomènes odiques se prolongent notablement plus longtemps.

v) — Lorsqu'un cristal, un doigt, ou une baguette plongée dans des substances en réaction chimique, sont placés dans une bobine de fil métallique, il ne se produit pas d'induction, même lorsque ces corps sont beaucoup plus grands, plus puissants au point de vue odique, plus forts en émanations lumineuses et en excitation de sensations, qu'un barreau aimanté ; ce dernier peut être dix fois plus petit et cent fois moins puissant odiquement, et, cependant, il produira instantanément un courant induit dans la bobine.

w) — Lorsqu'un barreau aimanté est tenu à la main de telle manière que le pôle magnétique de même nom que la polarité de la main soit tourné en dehors, sa flamme et sa force odiques sont accrues ; mais il ne supporte pas pour cela un milligramme de fer de plus. Les mêmes faits exactement, *mutatis mutandis,* sont produits dans les barreaux aimantés par les pôles des cristaux. Le barreau aimanté acquiert de l'od par le pôle odique de la main ou du cristal, mais il n'en reçoit pas le moindre accroissement de magnétisme.

x) — L'influence mentionnée plus haut peut aller assez loin pour que la force odique du barreau arrive à être intervertie, sans qu'en même temps la polarité magnétique soit nullement affectée. En prenant dans la main gauche le pôle sud d'un barreau aimanté faible, le pôle nord qui est en saillie, non seulement perd sa flamme bleue négative, mais commence même à émettre immédiatement une flamme rouge positive, tandis que son caractère négatif au point de vue magnétique reste inaltéré.

y) — Dans certains cas, les flammes odiques des aimants sont éteintes par le voisinage d'êtres organisés vivants. Leur force magnétique n'est nullement modifiée pour cela.

a. a) — En fait de diamagnétisme, nous ne connaissons à présent que des actions répulsives qui, d'après les observations de Haldat, peuvent être finalement classées parmi les phénomènes réellement magnétiques.

b. b) — Mais la différence entre l'od et le magnétisme est mise en vive lumière par l'expérience suivante : on prend un barreau de fer d'environ cinquante centimètres de longueur, qu'on fixe dans un support de bois, qui doit être attaché à son axe. Cette barre étant dirigée de telle sorte qu'elle se trouve horizontale dans le méridien magnétique, tous les sensitifs sentent du froid à son extrémité nord, et une chaleur tiède à l'extrémité sud. Si on abaisse l'extrémité nord de manière à la placer dans le sens de l'inclinaison magnétique, c'est-à-dire que le barreau fasse un angle d'environ 65° avec l'horizon, elle atteindra alors son maximum d'état magnétique et la fraîcheur du pôle nord devrait arriver de même au plus haut degré, ainsi que la chaleur du pôle sud, mais, *c'est le contraire exactement qui se présente :* le pôle nord magnétique devient odiquement chaud, et le pôle sud magnétique odiquement froid. L'od et le magnétisme, qui dans d'autres circonstances marchent côte à côte en présentant un certain parallélisme dans leurs effets, sont ici diamétralement opposés : *le pôle nord magnétique négatif est od positif, le pôle sud magnétique positif est od négatif dans les circonstances que nous avons créées ; les deux forces suivent donc des directions absolument contraires.*

. . . .

Par conséquent, dès à présent, l'identité de l'od et du magnétisme est une question à écarter absolument.

C. — Actions mécaniques des lohées ou effluves odiques.

CONCLUSION (1).

Réunissons, en un tableau comparatif, les caractères *communs* aux faits suivants, dans leurs relations avec les sensitifs :

1. — Lohée émanant de corps solides ou fluides ;

2. — Phénomènes de lumière odique ;

3. — Phénomènes d'approche des extrémités des doigts des deux mains ;

4. — Phénomènes d'approche des extrémités des doigts vis-à-vis des plantes, cristaux, aimants, substances simples amorphes ;

5. — Prise, entre les doigts, de cristaux, métaux, verre, etc. ;

6. — Imposition, aux extrémités des doigts, de cristaux, cartes tournantes, etc ;

7. — Mouvement des aimants, en équilibre au bout des doigts, à l'encontre de leurs pôles ;

8. — Contact des doigts et du fil pendulaire ;

9. — Imposition des doigts et des mains en grand nombre à des corps solides, tables, etc.

Nous découvrons, au premier rang, *des attractions* et

---

1. J'ai publié, en 1897, le mémoire complet chez Flammarion, sous le titre : LES EFFLUVES ODIQUES. *Conférences faites en 1866 par le baron de Reichenbach à l'Académie I. et R. des Sciences de Vienne,* précédées d'une *Notice historique sur les effets mécaniques de l'od.*

des répulsions, c'est-à-dire *des manifestations de force* d'un genre tout à fait particulier. Détaillons :

1° La Lohée est éjaculée avec une certaine vitesse ; la façon la plus simple de figurer le phénomène consiste à tenir verticalement, la pointe en bas, un doigt, un cristal, un aimant. Le courant s'en échappe dans la direction du sol pendant un bout de chemin, puis se retourne et remonte dans la direction opposée ; sa tendance naturelle est en effet de s'élever ; mais, lancé d'abord avec une certaine force vers le sol par propulsion, ce n'est qu'après avoir usé cette propulsion qu'il a pu reprendre sa direction naturelle et se diriger de bas en haut. Sa production était donc liée à un certain développement de force de nature répulsive.

2° C'est tout à fait le cas de la lumière odique, qui, sur tous les points, se manifeste simplement comme une seconde forme de la Lohée.

3° La cause qui, à une certaine distance, attire, les unes vers les autres, les extrémités des doigts, et finalement les fait adhérer entre eux, est une attraction réciproque, développée aux deux pôles, une force bien déterminée qui leur est inhérente et qui provoque des mouvements. Une fois à saturation elle se transforme en répulsion.

4° C'est la même force qui produit les mêmes effets (en regard des doigts et de la même façon), sur les pointes des cristaux, les pôles des aimants, les substances amorphes, simples ou composées.

5° Des cristaux, des baguettes métalliques, de petits disques de verre, simplement tenus entre deux doigts, prennent un mouvement de rotation qui leur est propre, sous l'action d'une force que les doigts leur communiquent.

6° Des cristaux, des cartes, des baguettes de verre, tout corps mis sous forme de disques ou de minces baguettes plates, lorsqu'on les met en équilibre au bout d'un doigt, tournent librement, comme s'ils étaient animés, sous l'action que leur imprime une force qui leur est étrangère ; et, dans ce phénomène, le côté du corps humain qui leur est odiquement isonome, exerce sur eux une répulsion.

7° Dans les barreaux aimantés, la chose est poussée si loin que cette force extérieure prend le pas sur la force d'attraction magnétique, inhérente aux aimants. S'il y a conflit, la première, par répulsion, contraint l'aimant à tourner en sens inverse de sa tendance naturelle.

8° Sous l'action des doigts, le pendule sort de sa position d'équilibre ; saisi qu'il est par une force qui le fait osciller, force émanant des doigts et du corps du sensitif, et de nature répulsive.

9° Des corps solides, objets mobiliers petits et gros, de toute espèce, boites, tables légères ou lourdes, reçoivent des doigts et des mains une infusion de force qui les contraint d'abandonner leur place et finalement les entraîne à des mouvements très vifs. Sous l'action de l'homme, tous vont de l'avant, obéissant ainsi à une force de répulsion. Le mouvement de tables que l'on a déclaré incompréhensible, et que, pour cette raison même, on a, chose plus extraordinaire encore, trouvé si choquant, n'a plus rien de surprenant dès qu'on remarque que la faculté de se mouvoir ne leur est pas particulière, mais que le mouvement se produit absolument comme celui des cristaux, des aimants et autres corps, qui tournent *sur* ou *entre* les doigts ; que le mouvement, provoqué par les doigts résulte des mêmes impulsions et obéit aux mêmes lois ; la seule différence, sans importance du reste, c'est que dans un cas la substance se trouve *au-dessus* des doigts, et que, s'il s'agit des tables, elle se trouve *sous* les doigts. Finalement, c'est tout un. Aussi le résultat est-il nécessairement unique : c'est le mouvement en avant.

Tous ces phénomènes, de 1 à 9, s'appliquant à toute la série des corps, depuis l'homme jusqu'à l'atome, depuis les produits gazeux jusqu'aux masses solides pesant des quintaux, ont donc un point commun : ils recèlent tous des manifestations de force de nature attractive ou répulsive.

Ils vont plus loin dans ce sens : tous ont, avec les phénomènes odiques, les plus intimes relations. C'est ce que j'ai montré pour chaque fait pris isolément dans tout le cours de cette analyse. Ils en dérivent directement. Toujours la charge odique met en mouvement les corps, pourvu qu'ils aient une indépendance suffisante et qu'il soient susceptibles de se charger d'assez grandes quantités d'Od. *La grandeur de la Force* est toujours proportionnelle à la grandeur de la charge odique et à sa tension. *Le sens de la Force*, coïncidant avec la direction rectiligne du courant odique (qui s'échappe des doigts, des cristaux cylindriques et des barreaux aimantés sous forme de Lohée et de Lumière odique), tend à pousser les corps en avant sur la ligne droite. Enfin, quel que soit l'aspect sous lequel on les considère, la présence de ces phénomènes coïncide, régulièrement et sans exception, avec celle de l'Od ; elle fait donc partie intégrante des propriétés de ce fluide.

Puisque l'Od possède le pouvoir moteur, et par suite vient s'ajouter aux Dynamides de la Chaleur, de l'Electricité, du Magnétisme, de la Lumière, il a sa place marquée au milieu de ces Dynamides. Puisque l'Od se rapproche davantage du Principe vital et pénètre plus intérieurement dans l'Être vivant, qui lui doit le Dualisme, il doit occuper dans la nature, qui en est toute imprégnée, une place plus élevée que celle des autres Dynamides connus, quels qu'ils soient. *Il y a de puissants motifs pour le considérer comme appelé à constituer le dernier et le plus élevé des termes de la série qui rattache le monde des Esprits à celui des Corps.*

III

Les successeurs de Reichenbach.

Les Recherches physiques et physiologiques de Reichenbach furent presque immédiatement (1851) traduites en anglais par le Dr Ahsburner qui avait pu reproduire une partie de ses expériences, et qui accompagna sa traduction d'une préface et de notes remarquables ; aussi plusieurs savants anglais s'empressèrent-ils, quand ils purent avoir des sujets convenables, de s'assurer par eux-mêmes de la réalité des faits avancés par le chimiste autrichien et de rendre justice à sa méthode et à sa perspicacité. Le célèbre ingénieur électricien Cromwell Fleetwod VARLEY, membre de la Société royale de Londres, déposait, le 5 mai 1869, devant le Comité de la Société dialectique de Londres, qu'il avait eu, par ses expériences avec Mme Varley, « des preuves aussi nombreuses que décisives de l'existence des flammes odiques émanées des corps magnétisés, des cristaux et des êtres humains ».

Voici quelques extraits de ce rapport :

... Pour commencer je dirai que j'étais un sceptique lorsque j'entendis parler de ces questions en 1850. C'était le moment où les mouvements et les coups frappés des tables étaient encore considérés comme le résultat d'actions électriques. J'étudiai cette hypothèse et démontrai qu'elle était tout à fait sans fondement : aucune force électrique n'aurait pu être ainsi appliquée ; l'électricité dégagée des mains d'êtres humains ne serait jamais capable de déplacer la millième partie du poids des tables mises en mouvement.

Je dois mentionner que je possédais le pouvoir de guérir par le magnétisme. Trois ans après ces expériences, je vins à Londres et entrait en relation avec celle qui fut depuis Mme Varley. Elle était sujette à des douleurs de tête, de nature nerveuse, et j'obtins de ses parents l'autorisation de la soumettre à l'action du magnétisme, dans le but de la guérir. Je n'obtins d'abord que des soulagements momentanés et, un jour, comme elle était étendue sur son lit, sous l'influence du sommeil magnétique, je songeais au moyen de la guérir définitivement. Elle répondit à ma pensée. Profondément surpris, je lui demandai, toujours mentalement, si elle pouvait répondre à ma pensée. Elle me dit « oui »....

Pour m'assurer de la possibilité d'exercer mon influence à travers les corps solides, je fis des passes à travers des doubles portes. Elle sortit aussitôt et me prit les mains pour me faire cesser. Une autre fois, je fis des passes à travers un mur en briques et elle en eût instantanément conscience. Je vous rappelle ces faits parce qu'ils pourront, peut-être, vous guider dans l'étude de quelques phénomènes présentés comme se produisant sous l'action des esprits. On peut regarder un mur comme capable de se laisser traverser par ce qui sort de mes mains et de mon esprit.

En 1867, Miss Kate Fox, le médium américain bien connu, voulut bien se prêter, à New-York, à une série d'expériences sur les rapports possibles entre les forces physiques connues et les forces spirituelles. Miss Fox, vous le savez certainement, est le médium au moyen duquel les manifestations du moderne spiritualisme se produisirent pour la première fois aux Etats-Unis, et en présence duquel les phénomènes physiques les plus frappants dont j'ai jamais entendu parler furent constatés par mes amis, le Dr Gray, physicien fort distingué de New-York, et M. Livermore, le banquier, tous deux fort sagaces et d'une haute intelligence.

M. Livermore, M. et Mme Townsend assistèrent à nos recherches. M. Townsend, dans la maison duquel se tenaient nos réunions, est sollicitor à New-York. Une batterie à quatre éléments de Grove, une bobine de huit pouces de diamètre, des appareils électro-magnétiques et autres furent employés par moi.

Voici le plan que je me proposais de suivre.

Je devais produire une série de phénomènes et les intelligences (ou les Esprits, comme on a coutume de les appeler, avec raison selon moi) seraient priés de dire ce qu'ils voyaient et, autant que possible, d'expliquer les rapports existant entre les agents dont j'allais me servir et ceux qu'ils emploient.

Nous avons tenu huit ou neuf séances pour remplir ce programme ; mais, quoique les esprits aient fait les plus grands efforts pour me faire comprendre ce qu'ils voyaient, tout cela est resté inintelligible pour moi. Les seuls résultats positifs, que j'aie obtenus furent les suivants :

Comme nous étions dans l'obscurité et que les phénomènes étaient parfois violents, j'avais pris la précaution de placer la batterie et les commutateurs sur une table voisine, tandis que les fils allaient des commutateurs aux appareils placés sur la table autour de laquelle nous étions assis, de telle sorte que je pouvais faire dans l'obscurité les divers essais que je m'étais proposé de tenter.

Toutes les fois que, par hasard, mes mains rencontraient un des fils (sans que je puisse savoir lequel) je posais la question : « Un courant passe-t-il à travers ce fil ? ». S'ils me disaient « Oui », je demandais : « Dans quelle direction traverse-t-il ma main ? »

Si ma mémoire est fidèle, l'expérience fut répétée au moins dix fois. Chaque fois la lumière était faite aussitôt que la direction du courant avait été indiquée ; et, dans tous les cas, je constatai que la réponse avait été exacte, si nous admettons que le courant va du pôle positif au pôle négatif.

Les expériences avec la bobine furent de deux sortes. Premièrement : je cherchai quelle action avait sur moi la bobine traversée par un courant lorsque je la plaçais au-dessus de ma tête; secondement, lorsqu'une barre de fer ou une aiguille de boussole est placée au centre de la bobine, les esprits peuvent-ils provoquer l'action magnétique de la bobine sur le fer ou sur l'aiguille ?

A plusieurs reprises, lorsque nous étions dans l'obscurité, je saisis l'occasion de placer au-dessus de ma tête la bobine traversée par un courant ; et, chaque fois, les esprits me recommandaient aussitôt de ne pas agir ainsi parce que cela me nuirait. Cependant je ne pus constater moi-même ni douleur ni action sensible quelconque. Comme personne autre que moi ne savait ce que j'essayais ou si je plaçais la bobine sur ma tête, il est absolument clair que la notion du fait était transmise par quelque moyen encore inexplicable pour la science officielle.

Le résultat de mes recherches dans cette direction me porte à admettre qu'il y a probablement d'autres agents intervenant dans les manifestations électriques et magnétiques ; que ces agents sont perçus par les esprits qui les confondent avec ceux que nous appelons électricité et magnétisme. C'est après avoir mûrement réfléchi que je suis arrivé à admettre cette hypothèse.

Chaque fois qu'un courant traversait la bobine, les Esprits déclaraient qu'ils augmentaient ou diminuaient à volonté la puissance du champ magnétique. Cependant mes appareils ne marquaient aucune variation du pouvoir magnétique. Chaque nuit, à chaque essai, ils soutinrent l'exactitude de leur affirmation. De mon côté j'insistais au contraire sur l'absence de toute action visible pour moi. Un soir, comme je répétais mes expériences avec la plus grande attention (mes appareils étaient médiocrement sensibles), l'idée me vint de remplacer l'aiguille aimantée par un cristal de quartz. Les esprits décrivirent le cristal comme une excellente pièce d'aimant et déclarèrent qu'ils pouvaient à volonté modifier son aimantation.

Mme Varley put souvent voir sortir du fer magnétique, du cristal de roche, ou des êtres humains, une lueur de même apparence ; mais, dans le dernier cas, elle variait beaucoup en intensité.

En comparant ces faits avec les précédents, je pense que ce que les esprits voient autour des corps magnétisés est cette lueur que le baron de Reichenbach appelle force odique, et non les rayons magnétiques eux-mêmes.

Quant à l'existence des flammes odiques émanées des corps magnétisés, des cristaux et des êtres humains, j'ai eu sur elle, dans mes expériences avec Mme Varley, des preuves aussi nombreuses que décisives.

On voit par ce qui précède que les expériences de M. Varley sur les propriétés physiques de la force psychique lui paraissaient avoir été troublées par l'ingérence d'intelligences étrangères. Comme nous l'avons déjà fait observer, c'est là une des difficultés inhérentes à ce genre d'études.

Deux autres savants ont dirigé leurs expériences vers le même côté de la question et sont arrivés à des conclusions identiques, mais je n'ai pu me procurer leurs ouvrages ; je me bornerai donc à les signaler au lecteur. Ce sont : 1° M. Ch. Elisa HERING, professeur agrégé de mathématique et de physique au séminaire de Gotha, qui publia en 1853 un livre intitulé : *Les tables tournantes ; soixante-quinze nouvelles expériences physiques avec indication des résultats obtenus.* 2° M. HARES, dont les *Recherches expérimentales* ont été imprimées, je crois, en Amérique.

En France, on ne connut longtemps qu'une très mauvaise traduction d'un opuscule de Reichenbach, intitulé : *Lettres odiques-magnétiques,* qui fut

6

publiée par Cahagnet en 1851. C'est sans doute à cette cause qu'il faut attribuer le peu d'attention qu'on apporta à ses travaux, à peine mentionnés par ceux qui les reprirent en 1885, et se disputèrent la découverte de la *Polarité humaine*.

M. DURVILLE, d'une part (1), MM. le Dr CHAZARAIN et DÉCLE, de l'autre (2), ont étudié cette question spéciale avec beaucoup de soin, mais ne sont pas toujours d'accord dans les détails. Les premiers, ils ont cherché à reconnaître l'existence et la direction des courants odiques dans le corps humain.

En 1895, M. Durville, qui avait continué ses expériences et ses lectures, publia, sous le titre de *Phy-*

---

1. DURVILLE, *Traité expérimental et thérapeutique de magnétisme.*
Paris, 23, rue Saint-Merry, 1886.
2. CHAZARAIN et DÉCLE, *Découverte de la polarité humaine.* — Démonstration expérimentale des lois suivant lesquelles l'application des aimants, de l'électricité et les actions manuelles ou analogues du corps humain déterminent l'état hypnotique et l'ordre de succession de ses trois phases; provoquent, transfèrent, résolvent les contractures, les anesthésies, les hyperesthésies ou s'opposent à leur réalisation quand elles sont suggérées; augmentent ou diminuent la force de pression dynamométrique; produisent l'attraction ou la répulsion, etc.
Paris, Doin, 1886. Grand in-8° de 32 pages.
CHAZARAIN et DÉCLE, *Les courants et la polarité dans l'aimant et dans le corps humain.* — Lois des actions des courants fournis par la pile, l'aimant, les métaux, les membres humains, etc., appliqués à la surface cutanée dans un but expérimental et thérapeutique.
Paris, chez les auteurs, 1887. Grand in-8°.

sique du magnétisme, deux petits volumes fort intéressants. Toutefois, ils ne doivent être consultés qu'avec une certaine réserve, en ce sens que l'auteur, voulant faire œuvre de vulgarisation, a résumé des observations faites sur des sujets différents ; or, dans une science encore en formation et aussi délicate à cause de la variabilité des aptitudes des sujets (les seuls instruments d'investigation employés jusqu'à présent), cette méthode peut amener à des conclusions prématurées.

Le Dr BARÉTY a évité cet écueil dans ses recherches que M. Durville parait avoir ignorées, bien qu'elles aient été publiées à Paris en 1887, chez Doin, sous le titre : *Le magnétisme animal étudié sous le nom de force neurique rayonnante et circulante, dans ses propriétés physiques, physiologiques et thérapeutiques.*

Ce gros volume in-8° de 662 pages a été, en effet, peu lu, à cause de son prix élevé et des détails qui, extrêmement utiles pour une étude sérieuse, en rendent la lecture difficile et fatigante pour des personnes voulant simplement avoir une idée d'ensemble des phénomènes. Aussi pensons-nous être utile en reproduisant ici les conclusions de la première et de la deuxième partie.

Il faut remarquer que le Dr Baréty, ancien interne de la Salpêtrière, avoue lui-même qu'il connaissait à peine de nom les travaux des anciens magnétiseurs et ceux de Reichenbach, ce qui donne encore plus de poids à la concordance de leurs observations et de leurs conclusions.

1º **Résumé de la première partie** (p. 37-40).

I. — Il existe chez l'homme, et très probablement chez les animaux, une force particulière, qui n'est peut-être que la force nerveuse elle-même, et que j'appellerai *force neurique* ou *neuricité*. Cette force aurait donc son siège et son lieu de développement ou de production dans le système nerveux.

II. — Elle y existerait sous deux états : 1º à l'état statique, au fur et à mesure de sa production ou de son renouvellement ; 2º à l'état dynamique, comprenant une *circulation* intérieure, probablement le long des fibres nerveuses, et un *rayonnement* ou expansion au dehors.

III. — C'est de la force neurique, à l'état rayonnant ou d'expansion au dehors, qu'il a été question dans cette première partie de notre travail.

IV. — La force neurique rayonnante émane de trois sources différentes : les yeux, les extrémités des doigts et les poumons par le souffle, les lèvres étant rapprochées.

V. — Nous distinguons trois sortes de rayons ou de faisceaux rayonnants neuriques : les oculaires, les digitaux et les pneumiques.

VI. — Ces rayons ou faisceaux rayonnants ont des propriétés physiques, propres ou intrinsèques, et des propriétés extrinsèques qui peuvent s'exercer sur les objets extérieurs inanimés et animés. Nous appelons *propriétés physiologiques* celles qui s'exercent sur des objets animés.

VII. — La force neurique rayonnante, considérée dans ses propriétés physiques intrinsèques et dans son action sur les objets inanimés, ou propriétés physiques extrinsèques, a fait l'objet de la première partie de cet ouvrage ; la force neurique dynamique à l'état de circulation et sous forme de *courant*, et à l'état rayonnant dans son action sur les êtres animés, nous occupera dans la deuxième partie. Pour ce qui regarde l'étude de la force neurique à l'état statique, nous renvoyons à ce qui a été dit dans les ouvrages de physiologie au sujet de l'activité propre des éléments nerveux ou neuricité, si toutefois il est permis d'établir un rapprochement étroit entre la neuricité et la force neurique.

VIII. — Les rayons neuriques oculaires, digitaux ou pneumiques se *propagent en ligne droite* dans l'air ambiant.

IX. — Ils se *réfléchissent* sur une surface plane ou courbe, en faisant un angle de réflexion égal à l'angle d'incidence, comme les rayons lumineux et calorifiques.

X. — Ils se *réfractent* de même à travers les lentilles et se dispersent au-delà des prismes, comme les rayons lumineux et calorifiques. Il existe donc un *spectre neurique*.

XI. — Ils peuvent *traverser* des corps et des substances diverses inanimées, souvent d'une grande épaisseur.

XII. — Certaines *couleurs* laissent passer les rayons neuriques, d'autres les interceptent. Il en est de même de certaines substances et de certains corps. Il existe donc des couleurs et des corps *dianeuriques* et des couleurs et des corps *aneuriques*.

XIII. — Parmi les couleurs, des feuilles de papier rouge, vert, noir, blanc et bleu laissent passer les rayons neuriques digitaux et oculaires, lorsqu'on les présente par leurs faces. Les feuilles rouges et vertes sont celles qui les laissent passer avec le plus d'intensité. Les feuilles jaunes et violet clair les interceptent complètement. L'orangé, l'orangé jaune, le bleu d'outre-mer, le bleu clair et le violet bleu les laissent passer très faiblement.

En d'autres termes, le rouge, couleur primaire, laisse passer les rayons neuriques avec une grande intensité et il en est de même de sa couleur complémentaire, le vert, couleur binaire.

Le jaune, couleur primaire, intercepte complètement le passage des rayons neuriques digitaux et oculaires ; il en est de même de sa complémentaire, le violet, couleur binaire.

XIV. — Les rayons neuriques pneumiques ne traversent aucune des feuilles de couleur présentées par leurs faces.

XV. — Les différentes feuilles de couleur ont un *pouvoir absorbant* et *émissif* par leurs angles, qui est en rapport avec leur pouvoir dianeurique, avec cette particularité que les feuilles qui sont aneuriques ont un pouvoir émissif réel, mais extrêmement faible.

XVI. — Le pouvoir absorbant et émissif ou conducteur. eu égard aux divers rayons neuriques, est commun à d'autres corps, tels que les divers métaux, le bois, etc., mais à des degrés variables.

XVII. — Une feuille de papier jaune qui est aneurique devient dianeurique après avoir été trempée dans une *solution de sulfate de quinine*, puis bien séchée. De même, la propriété dianeurique d'une feuille de papier vert se trouve exaltée lorsqu'elle a été trempée préalablement dans une solution de sulfate de quinine et bien séchée ensuite.

XVIII. — L'extrait d'opium disposé en rondelles intercepte par ses faces le passage des rayons neuriques.

XIX. — L'eau a un pouvoir d'absorption ou d'emmagasinage considérable, mais elle est complètement aneurique. Elle ne se laisse pas traverser par aucun rayon neurique.

XX. — Le corps d'une personne dénuée du pouvoir neurique rayonnant est bon conducteur de la force neurique, mais ne se laisse pas traverser par les rayons neuriques.

XXI. — Les corps ou substances divers influencés par la force neurique, imprégnés en quelque sorte de cette force ne peuvent agir à leur tour qu'en restant en communication avec le sujet d'où émanent ces rayons neuriques, soit *directement*, soit par l'intermédiaire des rayons neuriques dirigés sur eux.

XXII. — Le souffle, projeté en rapprochant les lèvres l'une de l'autre, a des propriétés neuriques réelles, ainsi que le prouve son action à travers un mur, une lentille, un prisme, et, par réflexion, sur une surface plane.

XXIII. — L'*intensité* de la neuricité rayonnante restant la même chez un même sujet doué du pouvoir de l'émettre, ses effets peuvent varier de *degré*, suivant le degré même d'*impressionnabilité du sujet récepteur ou réactif.*

XXIV. — L'impressionnabilité particulière du sujet récepteur restant la même, l'intensité des effets ressentis par celui-ci peut varier avec l'intensité de la force neurique qui émane de lui.

XXV. — La puissance neurique rayonnante de plusieurs sujets pourrait être réunie et utilisée pour obtenir des effets plus sûrs et plus intenses qu'avec celle d'une seule personne. Il y aurait donc lieu de former des sortes de batteries neuriques d'un effet plus ou moins puissant, suivant le nombre des éléments.

XXVI. — La *distance* à laquelle on peut agir varie de quelques centimètres à plusieurs mètres.

XXVII. — La *vitesse* du parcours des rayons neuriques dans l'air est à peine appréciable à un ou deux mètres. Le long d'une mince ficelle de chanvre, elle nous a paru être d'un mètre par seconde.

2° Conclusion générale (p. 624-626).

Par cette longue étude, je crois avoir suffisamment démontré :

1° Qu'une *force* particulière que j'ai appelée *neurique*, niée par les uns, affirmée par les autres avec une égale énergie, existe réellement dans le corps humain, qu'elle y *circule* dans un sens variable suivant certaines conditions spontanées ou provoquées, et qu'une partie s'en échappe par certains points déterminésqui sont les yeux, les extrémités des doigts et la bouche par le souffle.

Nous avons admis, en outre :

2° Que la force neurique est inégale d'intensité dans le corps de diverses personnes :

3° Que de l'inégalité de cette intensité semble résulter,

en partie, la possibilité, par un corps humain, d'influencer un autre corps humain ;

4° Que l'infériorité des uns, à ce point de vue, à l'égard
des autres, résulterait tantôt de l'état de santé et tantôt de
la constitution même ; que, par conséquent, elle est temporaire ou durable ;

5° Que, *peut-être*, la propriété que possède le corps
d'une personne d'influencer le corps d'une autre personne
par la neuricité rayonnante ou circulante ne dépend pas
exclusivement d'une différence d'intensité, mais encore
d'un changement dans la répartition et la direction de la
force neurique, ou mieux encore nerveuse, chez la personne susceptible d'être neurisée.

Nous avons dit, d'autre part :

6° Que le mode d'emploi de la force neurique, dans la
poursuite d'un but thérapeutique ou scientifique, varie
suivant que l'on s'adresse à la neuricité rayonnante ou à
la neuricité circulante ;

7° Qu'en effet, lorsque la neurisation a pour agent la
force neurique *rayonnante*, elle a pour instruments les
doigts, les yeux et le souffle, ou bien encore des substances préneurisées servant d'intermédiaire, et qu'ainsi elle
agit sur les sujets neurisables soit à distance, soit par
contact, de manière à modifier l'organisme, tantôt en agissant par une sorte d'influence, tantôt en pénétrant dans
son intérieur ou en s'y transfusant en quelque sorte ;

8° Que, lorsque la neurisation a pour agent la force neurique *circulante*, elle a pour instruments le corps lui-
même ou des substances préneurisées d'une forme qui
leur permet d'être le siège de courants neuriques communiqués, et qu'ainsi elle agit sur les sujets neurisables
par une sorte d'influence sans qu'il y ait pénétration ou
transfusion ;

9° Que les effets de la neurisation se produisent conformément à des règles tracées à la suite d'une observation
longue, patiente et attentive.

Nous avons encore montré :

10° Que la force neurique et celle de l'aimant produisent des effets qui ont entre eux des rapports frappants ;

11° Que certains métaux ont la propriété d'augmenter la force neurique ;

12° Que les sujets sensibles à l'action de la neuricité le sont en même temps à celle de l'électricité de l'atmosphère ou des appareils et que la plupart sont en même temps noctambules.

Enfin il ressort de notre travail :

13° Que la neurisation par l'emploi de la neuricité rayonnante répond à la magnétisation, connue et pratiquée depuis un temps immémorial, retrouvée et vulgarisée par Mesmer et ses successeurs, tandis que la neurisation par l'emploi de la neuricité circulante, inconnue avant ce jour, constitue une des parties les plus originales de ce travail ;

14° Qu'une des parties les plus neuves de cette longue étude n'est pas absolument cette découverte de la neuricité circulante, la *neurodynamique*, mais encore une étude nouvelle de sommeil neurique et sa division en plusieurs degrés très distincts et nettement caractérisés ; et enfin, dominant l'ensemble de cette longue étude, la découverte des propriétés physiques de la force neurique qui assimile cette force aux autres forces connues de l'univers.

En 1893, je trouvai dans le service de M. le Dr Luys à l'hôpital de la Charité, un jeune homme qui possédait à un haut degré la faculté de voir l'od même en pleine lumière, quand il était dans un certain état de l'hypnose ; je reconnus de plus qu'il suffisait, pour que la perception ait lieu, que ses yeux seuls fussent amenés à cet état, état dans lequel on constatait par l'ophtalmoscope que le fond de l'œil présentait un phénomène d'éréthisme vasculaire extra-physiologique.

Comme ce jeune homme était dessinateur de profession, je pus lui faire fixer ses perceptions sur le papier, au moyen d'aquarelles, et obtenir ainsi des documents précis au lieu des descriptions plus ou moins vagues données jusque-là par les sujets.

J'entrepris alors, dans un des laboratoires de l'Ecole polytechnique, avec un des répétiteurs de physique de l'Ecole, une série de recherches ayant pour but de savoir si les impressions visuelles du sujet étaient réellement objectives et non pas seulement subjectives.

Ces recherches, que nous dûmes malheureusement interrompre par ordre, ont été exposées en détail, avec chromos à l'appui, dans le chapitre 1er de mon livre sur l'extériorisation de la sensibilité.

Voici nos conclusions :

1° L'effluve est un phénomène réel.

2° Sa perception s'effectue par la voie de la rétine.

3° L'effluve présente :

a) Certains caractères généraux et coexistants : sa forme, qui est celle d'une projection de flamme, et la localisation de ces projections aux extrémités des corps lorsqu'ils ont une forme allongée ;

b) Certains caractères variables suivent les sujets : sa longueur, son intensité et sa coloration ; ces trois éléments constituent la caractéristique de chaque individu.

4° L'aimantation détermine des effluves aux extrémités d'une pièce de fer en forme de barreau ou de fer à cheval ; ces effluves sont passagers dans le fer doux et permanents dans l'acier ; la coloration de chaque pôle dépend du sens de propagation du courant aimantant ; elle est la même que celle de l'effluve du pôle aimantant au contact.

5º La caractéristique de chaque sujet est fonction de l'état de l'hypnose.

6º La suggestion peut altérer dans une certaine mesure la description de l'effluve : il faut donc employer les plus grandes précautions pour se mettre à l'abri de cette cause d'erreur.

Je crois utile de rappeler également ici la manière dont nous avons cru pouvoir expliquer ces phénomènes à l'aide de nos connaissances scientifiques actuelles.

Nous croyons avoir démontré que l'effluve est un phénomène réel, perçu réellement par la voie de l'œil comme toute autre phénomène lumineux.

On est ainsi amené à penser que l'effluve doit être, comme toute source lumineuse, le siège de mouvements vibratoires moléculaires envoyant à l'œil des radiations susceptibles de l'impressionner et de donner la sensation de la couleur. Cette surexcitation de l'activité moléculaire de l'atmosphère, en contact avec certaines parties du corps observé, serait due à des radiations provenant des mouvements vibratoires moléculaires de ce corps. On conçoit que la forme même de celui-ci puisse déterminer un effet plus considérable dans certaines directions sur les molécules de l'atmosphère ambiante ; nous reviendrons plus loin sur cette considération.

Voyons d'abord d'après quelles lois un mouvement vibratoire peut se propager du corps à la portion d'atmosphère qui est le siège de l'effluve, puis de celle-ci à l'œil, et enfin de l'œil au centre de perception.

On sait que les éléments caractéristiques de tout mouvement vibratoire sont : sa forme, son amplitude, et le nombre de vibrations par seconde. L'intensité de l'effet produit sur l'œil, ou plutôt sur le centre de perception, est proportionnelle au carré de l'amplitude ; la nature de l'effet produit, c'est-à-dire l'espèce de la couleur perçue, ne dépend que du nombre de vibrations par seconde.

De ces principes empruntés à la physique mathématique, nous tirons les conséquences suivantes :

Considérons un groupe moléculaire appartenant à un corps quelconque, solide, liquide, ou gazeux ; à un moment donné, les mouvements vibratoires de ces molécules sont définis par une certaine forme, une certaine amplitude, et un certain nombre de vibrations par seconde. Ce groupe reçoit des radiations des corps voisins, et rayonne lui-même.

Supposons qu'une radiation additionnelle, provenant de molécules voisines, vienne affecter le groupe considéré. Il en résulte, dans le mouvement vibratoire existant antérieurement, une modification qui dépend des éléments de cette radiation additionnelle. La force vive mv^2 du mouvement vibratoire antérieur est augmentée; comme la masse m des molécules du groupe n'a pas changé, il faut que la vitesse v du mouvement augmente.

Or, la vitesse d'une vibration ne peut s'accélérer que de deux façons : par augmentation de l'amplitude, ou par augmentation du nombre de vibrations par seconde. L'augmentation de vitesse portant sur deux quantités, l'une d'elles peut rester constante, ou même diminuer, à la condition que l'autre atteigne une valeur suffisante pour que la force vive s'accroisse dans la proportion voulue.

Il y a donc à distinguer les combinaisons suivantes :

a) Augmentation d'amplitude, sans que le nombre de vibrations par seconde soit modifié ;

b) Augmentation plus grande d'amplitude et diminution du nombre de vibrations ;

c) Augmentation d'amplitude et du nombre des vibrations ;

d) Augmentation du nombre des vibrations sans changement de l'amplitude ;

e) Augmentation du nombre des vibrations et diminution de l'amplitude ;

Telles sont les modifications qui peuvent se produire dans le groupe moléculaire que nous considérons.

Pour la même raison, la radiation envoyée par ce groupe aux corps voisins est modifiée aussi suivant une de ces combinaisons, et ainsi de suite, de proche en proche, depuis le corps produisant l'effluve jusqu'au centre de la perception.

Perception de l'effluve. — On peut expliquer ainsi, en particulier, comment il se fait que la nature de la coloration perçue varie suivant le sujet, suivant son état, et même suivant les caractères de la radiation que l'œil reçoit. Il ne s'agit pas ici de fixer en quels points du trajet, entre l'œil et le centre de la perception colorée, se produisent des altérations, ni de chercher une explication de l'augmentation extraordinaire de la sensibilité au point de vue de la perception des effluves sous l'influence de l'hypnose ; cette étude appartient au physiologiste. Il nous suffit de montrer que les modifications de la radiation, indiquées par l'expérience, peuvent être considérées comme une conséquence des principes qui régissent la transmission de l'énergie.

La sensation de la couleur dépend du nombre de vibrations par seconde de l'ébranlement reçu par le centre de perception, et ce nombre va en augmentant du rouge ou violet. Donc, à partir du jaune, par exemple, qui correspond à la sensation moyenne, la sensation colorée tendra vers le rouge si le nombre des vibrations est diminué, et vers le violet si ce nombre est augmenté.

Quant à l'intensité de la sensation colorée, elle est proportionnelle au carré de l'amplitude. Mais cela s'applique à une même couleur ; on sait, en effet, que les différentes radiations n'affectent pas le sens visuel et normal de la même façon, et que, dans un même spectre, le maximum a lieu pour le jaune.

Ces considérations montrent comment la manière de voir l'effluve peut varier d'un sujet à un autre, et chez un même sujet suivant son état.

Production de l'effluve. — Dans ce qui précède, nous avons considéré d'une façon absolument générale les molécules des milieux successifs traversés par la radiation, sans chercher à distinguer les molécules de l'éther des molécules pondérables de ces milieux ; le principe de la transmission de l'énergie s'applique, en effet, aussi bien aux unes qu'aux autres.

Mais cette distinction devient nécessaire en ce qui concerne la portion de milieu gazeux qui est le siège de l'effluve, si l'on cherche à approfondir la nature de celui-ci.

Nous savons, d'après les travaux de Fresnel, vérifiés par l'expérience de M. Fizeau sur l'entraînement des ondes lumineuses, que les molécules d'éther d'un milieu gazeux lancé avec la plus grande vitesse qu'on puisse lui imprimer, n'entraînent pas les vibrations lumineuses d'une façon appréciable. Si donc l'observation montre qu'un déplacement de l'air produit une déformation de l'effluve, c'est que les molécules d'éther du milieu où siège l'effluve ne sont pas seules intéressées, et que les molécules pondérables de ce milieu participent au mouvement vibratoire source de la radiation.

Il en est bien ainsi : une agitation de l'air peut déformer l'effluve, qui oscille alors à la manière d'une flamme.

Il semble donc que les molécules d'oxygène et d'azote qui constituent l'air, et avec lesquelles le corps est en contact, reçoivent de celui-ci une surexcitation de mouvement vibratoire, dans certaines directions qui dépendent de la structure, plus ou moins homogène, plus ou moins complexe, et de la forme du corps, ainsi que de la présence de certains centres de rayonnement d'énergie, comme cela a lieu dans les corps organisés. On peut alors expliquer pourquoi, dans un corps homogène et présentant une forme allongée, les effluves se manifestent avec plus d'intensité aux deux extrémités. Dans cette direction, en effet, l'influence subie par chaque molécule de gaz au contact du corps provient de la somme des influences de la longue série de molécules qui aboutit en ce point ; les impulsions élémentaires de toutes ces molécules s'ajoutent en tension et donnent lieu, à la surface du corps, à une résultante qui tend à se propager en ligne droite dans l'air dans le prolongement de l'ébranlement donné par cette série de molécules.

Mais, d'autre part, il peut se faire que la modification communiquée au groupe de molécules d'air formant l'effluve détermine un écartement plus grand de ces molécules, par exemple par suite d'une augmentation de l'amplitude des vibrations ; la densité du groupe diminue alors par rapport à celle du milieu ambiant non influencé et l'effluve tend à s'élever verticalement.

La direction de l'effluve peut donc varier entre deux limites extrêmes : le prolongement de la plus grande dimension du corps, supposé homogène, — et la verticale. Elle se rapprochera d'autant plus de la première direction que l'impulsion rayonnée par le corps sera plus violente, et d'autant plus de la deuxième que la densité de l'air dans cette région sera plus diminuée.

Effets particuliers. — Il est intéressant de chercher comment on peut expliquer, dans cette théorie, le fait expérimental d'après lequel les deux effluves d'un aimant dépendent, non pas de la nature magnétique de ses deux pôles, mais de la situation de ceux-ci par rapport au sens de propagation du courant ou à l'aimant influençant.

On admet que le magnétisme détermine dans le fer soit des courants particulaires, d'après la théorie d'Ampère, soit des tourbillons d'après celle de Maxwell, c'est-à-dire, dans l'une ou l'autre hypothèse, un entraînement des atmosphères moléculaires autour de certaines directions ou lignes de force. Le mouvement vibratoire des molécules de fer reçoit ainsi, par le fait de l'aimantation, en même temps une orientation particulière autour de ces lignes de force, et une augmentation de force vive. Celle-ci se traduit d'une des cinq façons indiquées plus haut.

De ces deux éléments : orientation et augmentation de force vive, le premier a pour effet de déterminer la nature magnétique des pôles d'après le sens de la rotation ; tandis que le deuxième agit sur le nombre de vibrations par seconde. Comme c'est ce nombre qui caractérise la coloration de l'effluve, on conçoit que la coloration de l'effluve d'un pôle d'aimant dépende plutôt du deuxième élément que du premier.

Il résulte de toutes ces considérations, qui sont générales et s'appliquent à toutes les formes de l'énergie, que la production et la perception de l'effluve ne sont nullement incompatibles avec les principes de la science actuelle.

Les expériences de M. Crookes avec Home sont trop connues pour que je les reproduise ici. Je rappellerai seulement qu'il a pu, maintes fois, grâce à la force psychique du médium, augmenter ou diminuer à distance, le poids des corps, et qu'à l'aide d'appareils enregistreurs il a montré les variations du flux de la force psychique.

Des constatations de même nature ont été faites par de très nombreux observateurs (1) à l'aide d'Eusapia Paladino (2) et, à côté de phénomènes purement physiques, on a aussi vu apparaître, quand le médium était suffisamment *entransé*, d'autres phénomènes qui ne peuvent s'expliquer que par l'intervention d'une entité intelligente et invisible.

Aujourd'hui les efforts sont dirigés vers l'enregistrement de la force psychique à l'aide de la photographie. Mais si, d'une part, on a constaté qu'il suffisait à beaucoup de personnes de placer leurs mains dans l'obscurité à quelque distance d'une plaque sensible sèche ou humide pour produire sur cette plaque des radiations de formes diverses, d'autre part on a montré que des radiations analogues mais non iden-

1. Parmi les observateurs je citerai : MM. Lombroso, Charles Richet, Olivier Lodge, Schiapparelli, Ochorowicz, Karl du Prel, Petrovo Solovovo, Sabatier, Ségard, Arnaud de Gramont, etc.

2. A. DE ROCHAS. *L'extériorisation de la motricité*, in-8 de 480 pages.

Depuis la publication de ce livre en 1896, de nouvelles expériences très importantes ont été faites avec Eusapia. Je les relaterai dans la suite de ces études.

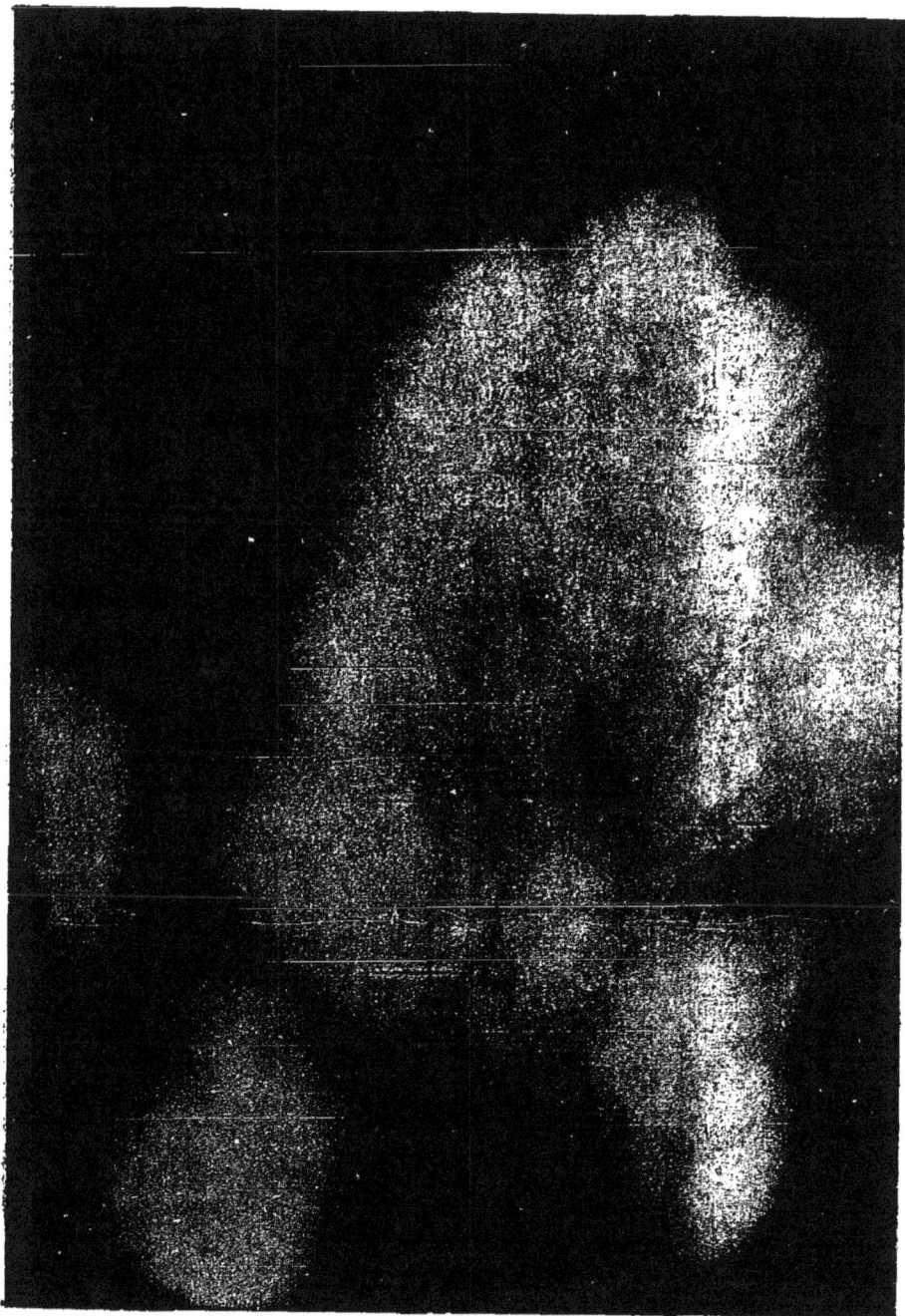

PL. 1. — Radiographie de la main du Dr Massenet.

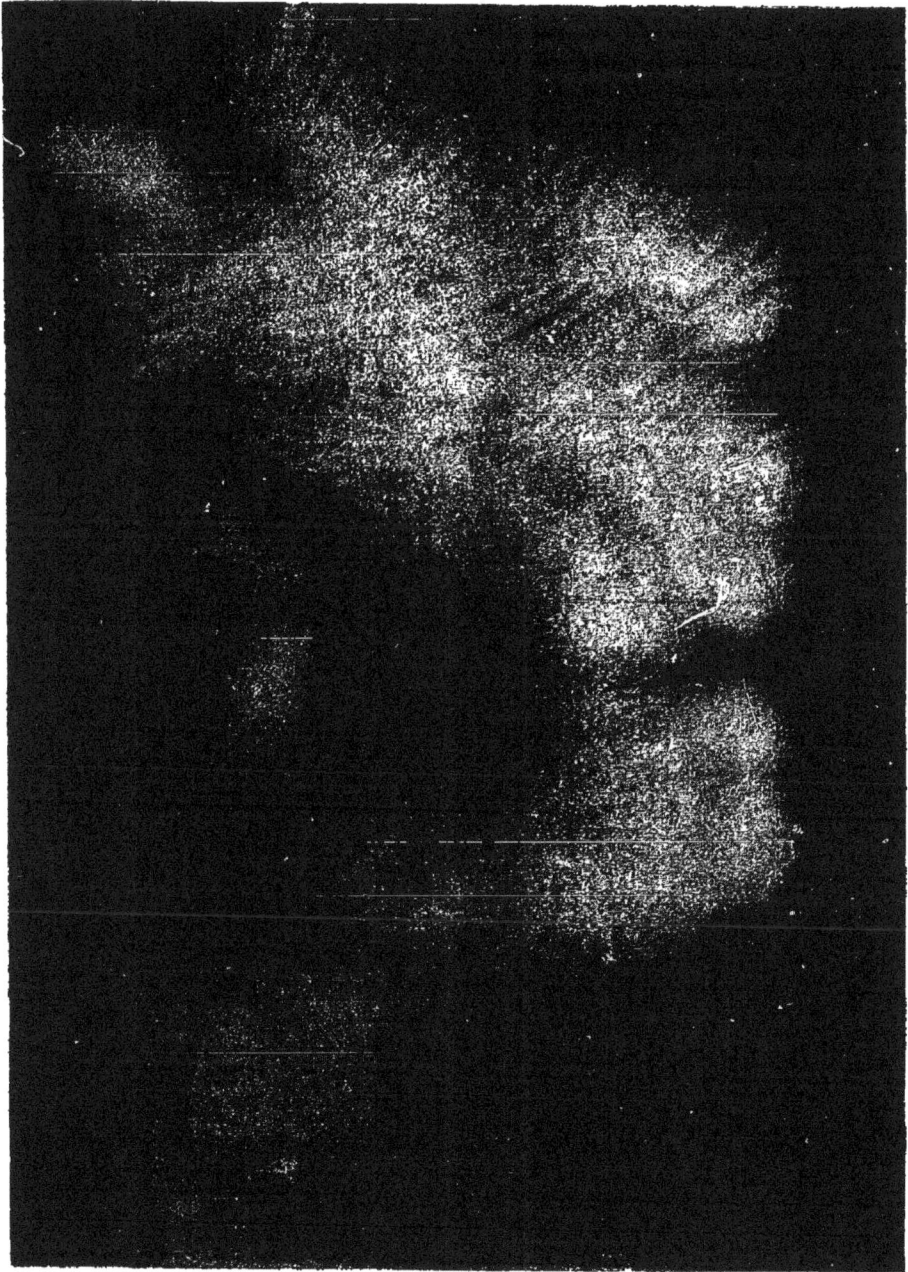

Pl. 2 — Radiographie des deux mains de M. Majewski.

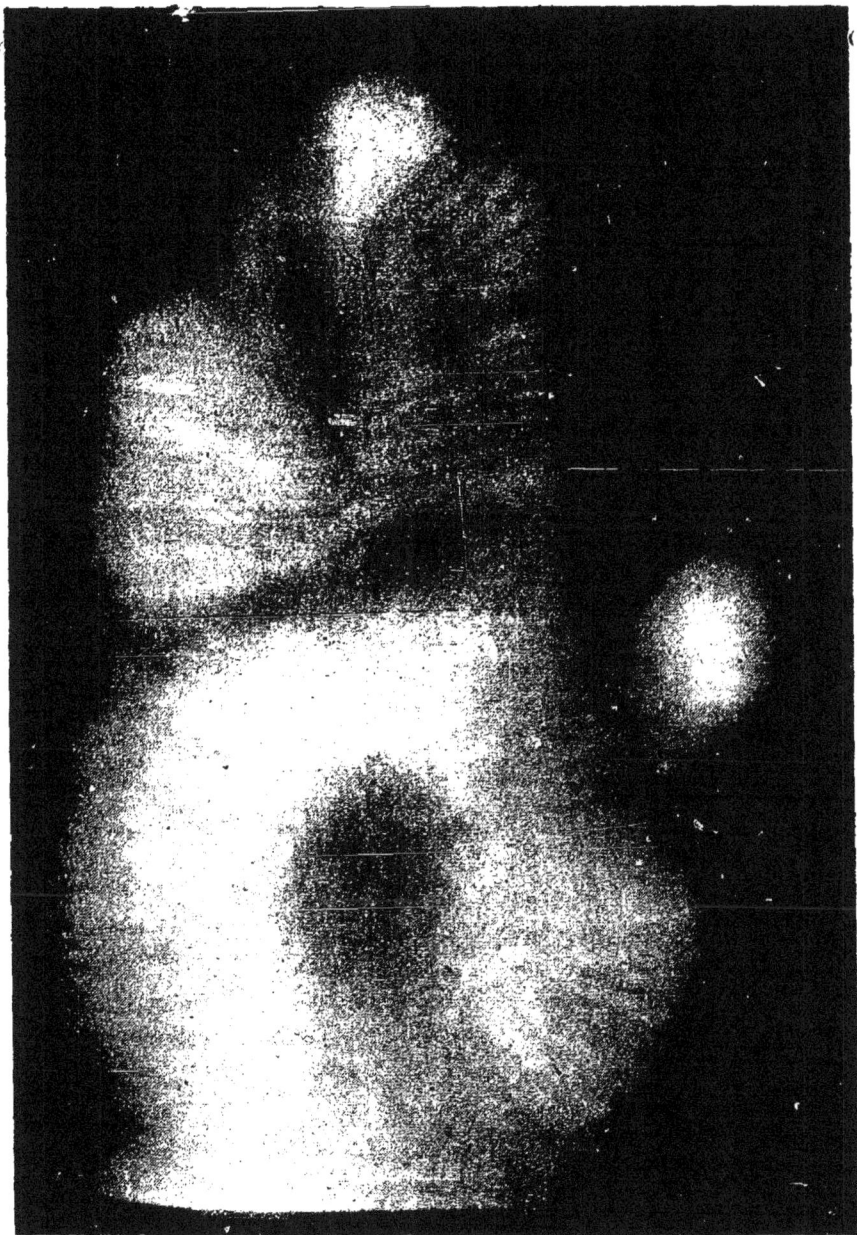

PL. 3. — Radiographie de la main de Mme X...

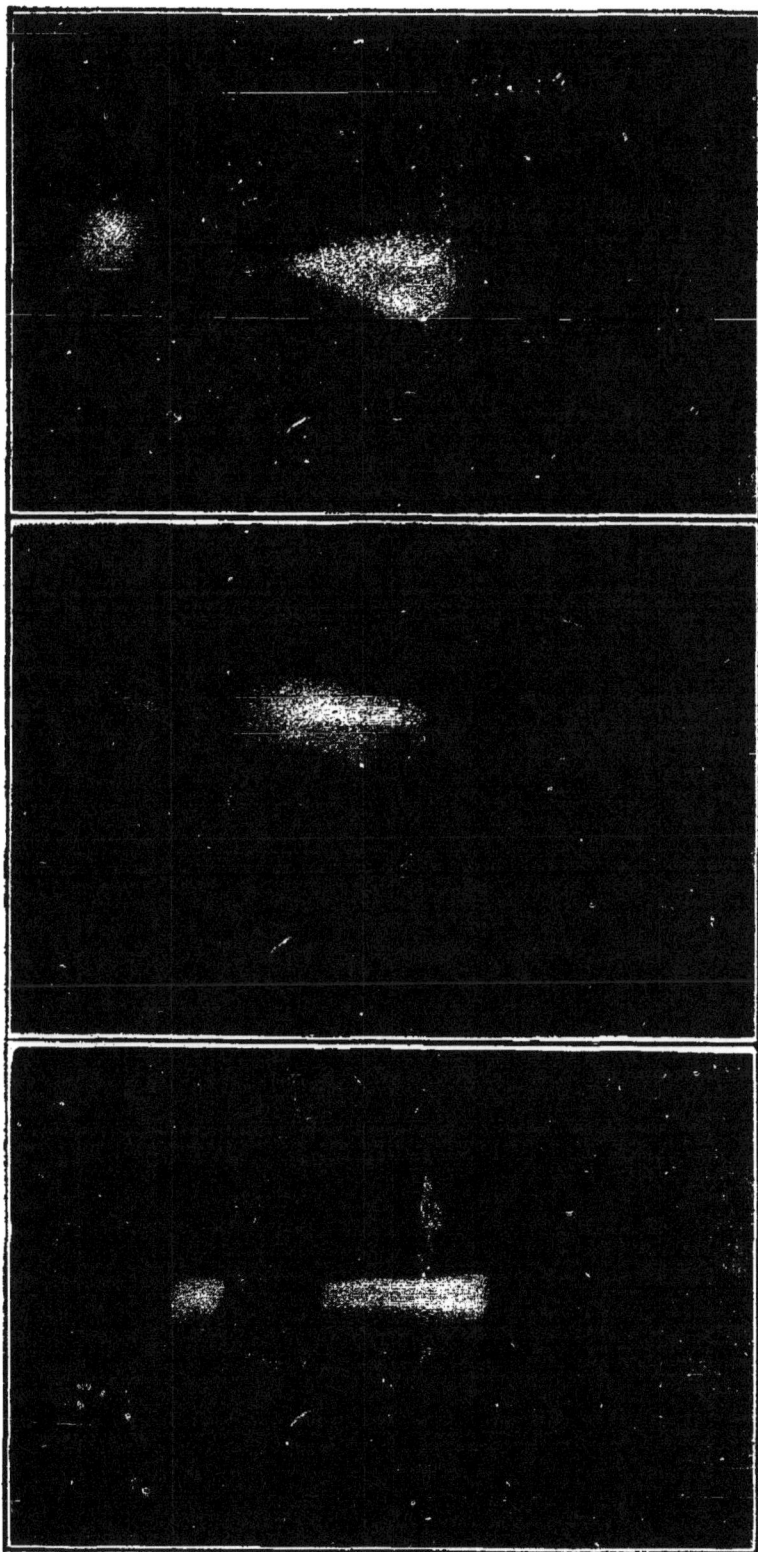

PL. 4. — Photographies d'effluves psychiques

tiques pouvaient être obtenues par l'approche de corps plus ou moins chauds et que presque toutes les substances, même les métaux, émettaient à la température ordinaire des vapeurs susceptibles d'agir chimiquement sur la gélatine, de sorte que la question n'est point encore suffisamment élucidée.

La Planche 1 donne l'empreinte obtenue par la main du Dr Massenet, au moyen d'une pose d'une quinzaine de minutes sur le côté verre d'une plaque immergée entièrement dans un bain d'hydroquinone.

La Planche 2 donne l'empreinte des deux mains de M. Majewski, obtenue d'une manière analogue.

Si la chaleur entrait seule en jeu, les mains de tout le monde produiraient le même effet ; or, il est loin d'en être ainsi comme on en peut juger par la comparaison des planches 1, 2 et 3.

Il y a lieu d'observer encore que plusieurs expérimentateurs ont produit des taches sur des plaques à plusieurs mètres de distance, dans des conditions qui ne paraissent pas laisser de doute sur le fait lui-même, *sinon sur l'interprétation*. Parmi ces expérimentateurs je citerai M. HASDEU, membre du conseil supérieur de l'instruction publique de la Roumanie, le Dr ISTRATI, professeur à l'Université de Bucarest, le Dr BARADUC, à Paris.

M. AKSAKOF, conseiller d'Etat à St-Pétersbourg, m'a envoyé toute une série de photographies très remarquables dont je reproduis ici (Pl. 4) trois qui ont été obtenues dans trois poses successives de la même séance, parce qu'on voit nettement le dévelop-

pement et les changements de forme de l'Od fourni
par les quatre personnes faisant la chaîne des mains
sur la table. Ces photographies ont été obtenues en
1872 à Bristol, à l'aide d'un médium puissant, M. Bu-
tland qu'on voit au milieu, dans l'atelier de M. John
Beattie, photographe très habile et tout à fait hono-
rable (1).

Ici encore, on peut, dans certains cas, reconnaître
l'intervention d'entités intelligentes venant s'emparer
de cet Od ou force psychique pour produire ce qu'on
appelle les photographies spirites dont l'étude dé-
taillée nécessiterait pour elle seule un livre entier.

---

1. On trouvera dans l'ouvrage d'Aksakof, intitulé *Animisme
et Spiritime,* (pp. 27-33), tous les détails relatifs à ces expériences.

LA PHYSIQUE DE LA MAGIE (1)

Messieurs,

Le sujet que j'ai l'honneur d'aborder devant vous a été traité plusieurs fois devant des assemblées de savants.

Ce fut d'abord, il y a deux mille ans, dans les cours de la célèbre école d'Alexandrie, alors centre intellectuel du monde entier.

Les Grecs venus en Egypte à la suite d'Alexandre le Grand s'étaient fait initier en vainqueurs à ses sciences secrètes déjà plus de trente fois séculaires; ils avaient employé leur clair génie à expliquer par des lois naturelles les prodiges que les prêtres accumulaient dans leurs temples pour frapper l'esprit des masses et dont la connaissance, venue de l'Orient, constituait la science des mages ou la *Magie*.

Ici c'étaient des statues ou des sièges qui semblaient marcher seuls grâce à des roues cachées et mises en mouvement soit par l'écoulement convenable-

---

1. Communication faite au Congrès international de l'Histoire des Sciences, tenu au Collège de France en juillet 1900.

ment calculé d'une certaine quantité de sable tombant d'un récipient supérieur dans un récipient inférieur, soit par la détente d'un ressort. Là c'étaient des portes qui s'ouvraient spontanément, des images de dieux, de déesses, d'animaux qui poussaient des cris ou répandaient des libations sous l'action de liquides déplacés au moyen de siphons et d'air comprimé.

L'ingénieur Héron avait réuni ses leçons dans une série de petits traités dont deux seulement, les *Automates* et les *Pneumatiques* nous sont parvenus (1).

Un autre savant alexandrin, le célèbre Euclide, nous a également laissé des traités d'optique et de catoptrique ; mais, disciple du divin Platon qui ne voulait pas que la science s'abaissât aux applications usuelles, il s'est borné à exposer les propriétés géométriques des rayons lumineux et à donner les lois de la perspective, de la réfraction et de la réflexion.

Quinze siècles plus tard, la prise de Constantinople par Mahomet II fit affluer sur la terre hospitalière de l'Italie, les débris de l'antique civilisation

---

1. J'ai traduit, du grec en français, les traités de *Pneumatique* de Héron et de Philon. Ces deux traités, précédés de *Notions sommaires sur quelques parties des sciences physiques dans l'antiquité*, ont été publiés en 1882, chez Masson à Paris sous le titre : LA SCIENCE DES PHILOSOPHES ET L'ART DES THAUMATURGES DANS L'ANTIQUITÉ. — Des extraits de ces mêmes traités et du traité des *Automates* de Héron ont été publiés, l'année suivante, chez le même éditeur, sous le titre : LES ORIGINES DE LA SCIENCE ET SES PREMIÈRES APPLICATIONS.

grecque qui avaient échappé au feu et à la flamme des Turcs. Beaucoup de réfugiés byzantins trouvèrent des moyens d'existence dans la copie et la vente des manuscrits qu'ils avaient apportés avec eux et qui étaient restés jusqu'alors à peu près inconnus en Occident. On vit presque aussitôt, de tous côtés, en France, en Italie et en Allemagne, les savants rivaliser d'efforts pour associer leur nom à celui d'un ancien en le traduisant en latin, langue universelle des écoles à cette époque. De ce nombre fut Jean de Pène qui, tout jeune encore (il n'avait pas 30 ans) occcupait, ici même, la chaire de mathématiques au collège de France nouvellement créé; son cours, interrompu au bout de deux ans par la mort, porta exclusivement sur l'optique et la catoptrique d'Euclide, et la leçon d'ouverture, prononcée en 1556, fut consacrée à montrer comment ces sciences pouvaient servir à expliquer un certain nombre de faits réputés prodigieux (1). En voici un extrait consacré aux fantômes.

« Je ne veux pas nier la présence et l'évocation des Génies, des Mânes, des Ombres, puisque les histoires profanes et les Saintes Ecritures en offrent de nombreux exemples.

« Nous lisons dans les historiens qu'un psychagogue évoqua l'ombre de Pausanias que les Lacédémoniens avaient laissé mourir de faim dans le tem-

_____

1. Le texte grec et la traduction latine de l'*Optique* et de la *Catoptrique* d'Euclide ont été publiés pour la première fois, avec le discours de Jean de Pène qui leur sert de préface, en 1557, à Paris, chez André Wechel.

ple de Minerve, et que l'oracle leur enjoignit d'apaiser les mânes. Nous voyons pareillement dans Lucain qu'Erichtone, pythonisse thessalienne, évoqua une ombre qu'elle chargea d'annoncer la défaite de Pharsale à Sextus Pompée. L'historien Pausanias, dans ses Béotiques, rapporte avoir vu à Pionée, en Mysie, près du fleuve Caïcus, l'ombre de Pion fondateur de la ville sortir de son tombeau au moment où on lui offrit un sacrifice. L'histoire sacrée rapporte que les mânes de Samuel ont quitté la tombe à la voix de la pythonisse, afin que désormais on ne pût douter de la possibilité d'évoquer les ombres.

« Tout en faisant cette concession qu'on ne peut nier que les mânes et les génies ont été évoqués par des pythonisses et forcés d'apparaître, je dis en même temps que, grâce à la science extraordinaire de certaines personnes très habiles, on a vu un grand nombre d'apparitions que les ignorants seuls attribuent à des démons; quelqu'un d'éclairé ne peut les attribuer qu'à des hommes versés dans l'optique et ne se laisse pas séduire par les promesses des magiciennes s'engageant à faire apparaître l'ombre d'un mort. Pour accomplir ce prodige elles se servent d'un miroir consacré par certaines formules avec lesquelles elles prétendent évoquer les mânes. Tout cela m'est suspect, et je crois bien qu'il doit y avoir là-dessous quelque fourberie.

« La partie de l'optique que l'on appelle catoptrique, nous apprend, en effet, que l'on fait des miroirs qui, au lieu de retenir à leur surface l'image qui leur est présentée, la renvoient dans l'air. Vitellion a donné la composition de ces miroirs et, s'il plaît à

Dieu, nous en reparlerons dans la catoptrique. Qui empêche d'adroites friponnes d'abuser les yeux avec ce miroir, au point que l'on croie voir les âmes des morts évoquées du tombeau, tandis qu'on ne voit dans l'air que l'image d'un enfant ou d'une statue qu'elles ont soin de tenir cachés ? Il est certain (quoique cela semble incroyable) que si vous placez un miroir de forme cylindrique dans une chambre fermée de tous côtés, et que si vous avez hors de cette chambre un masque, une statue ou tout autre objet disposé de telle manière que quelques-uns des rayons qu'il projette puissent passer à travers une légère fissure dans la fenêtre ou la porte de la chambre et venir frapper le miroir, l'image de cet objet qui est en dehors de la chambre est vue dans la chambre elle-même en suspension dans l'air. Pour peu que l'image réfléchie par le miroir soit déformée, combien elle apparaîtra terrible, excitant l'épouvante et l'horreur !

« Le miroir est suspendu par un fil très fin. Les magiciennes imposent un jeûne pour se préparer aux cérémonies qui conviennent à ces sortes de mystères ; l'ignorant timoré qui les consulte et qui est loin de se douter de l'imposture sacrilège, obéit docilement. Quand le moment est arrivé, les prétendues magiciennes procèdent à leurs exorcismes et à leurs conjurations de manière à donner à la cérémonie, grâce à ces accessoires, un caractère plus imposant et plus divin. La personne qui consulte est placée dans l'endroit où arrive le rayon réfléchi, et elle voit, non dans le miroir mais dans l'air, le spectre légèrement agité parce que le miroir qui est sus-

pendu est lui-même agité. Pleine d'horreur, elle
voit dans l'air une image vaporeuse et livide qui
semble venir à elle ; saisie d'effroi, elle ne songe pas
à pénétrer l'artifice, mais plutôt à fuir ; et la pythonisse la laisse partir. Alors, comme si elle se fût
arrachée aux abîmes de l'enfer, cette personne dit à
tout le monde qu'elle a vu les mânes et les âmes qui
reviennent des enfers.

« Qui ne serait trompé par l'illusion que produit
tout cet appareil? Qui résisterait à ces artifices? Nul
certainement n'échapperait aux prestiges des Pythonisses, s'il n'était aidé de l'optique qui, jetant son
irrésistible lumière, fait voir que la plupart des
mânes n'ont aucune cause physique, mais sont de
purs artifices imaginés par l'imposture. L'optique
apprend à les tirer au clair, à les démasquer, à laisser de côté les vaines terreurs. Que peut craindre,
en effet, celui à qui l'optique enseigne qu'il est facile
de construire un miroir au moyen duquel on voit
plusieurs images dansantes ; qui comprend qu'on peut
placer le miroir de telle façon que l'on observe ce
qui se passe dans la rue et chez les voisins ; qui sait
qu'en se plaçant d'une certaine manière et en regar-
dant un miroir concave, on ne voit que son œil ; qui
sait également qu'on peut, avec des miroirs plans,
construire un miroir tel que si on regarde dans ce
miroir on voit son image voler? En vérité, celui à
qui on aura enseigné tout cela, ne reconnaîtra-t-il
pas aisément la source des prestiges des magiciennes de Thessalie? Ne saura-t-il pas distinguer la
véritable physique de la fausseté et de la fourberie? »

Au XVIIe siècle les découvertes relatives au magnétisme et à l'électricité provoquèrent des tentatives
analogues, mais sous une autre forme : au lieu de se
borner à expliquer les prodiges anciens, on chercha
à en produire de nouveaux. De nombreuses sociétés
se constituèrent pour subvenir aux frais des expériences et de la construction des appareils ; la plus
ancienne porta le nom d'*Académie des Secrets* et
fut fondée à Naples, vers l'an 1600, sous les auspices
du cardinal d'Este, protecteur de Porta, dont le livre
sur la *Magie naturelle* eut un tel succès que les
premières éditions, usées sous les doigts des lecteurs,
sont devenues introuvables. C'est à cette époque
qu'on commença aussi à utiliser la vapeur d'eau
comme moteur.

On voit que les investigations des savants se sont
portées d'abord sur deux forces, la pesanteur et l'é-
lasticité, qu'on trouve partout dans la nature et qu'on
peut mettre en jeu de la manière la plus simple ;
puis elles ont abordé la lumière dont les effets sont
déjà plus subtils et elles ne se sont fixés que fort
tard sur la chaleur et l'électricité dont la production nécessite l'intervention de l'industrie humaine.

C'est seulement au milieu du XVIIIe siècle que Mesmer appela l'attention des académies sur une force
dont il était bien plus difficile encore de déterminer les lois, puisqu'elle ne se manifeste d'une façon
suffisamment apparente que dans certains organismes humains et qu'elle est susceptible d'être influen-
cée par la volonté non seulement de l'opérateur,

mais peut-être aussi d'autres intelligences invisibles.

Mesmer qui était médecin et qui connaissait, par les traditions de certaines sociétés secrètes, la puissance de sés effets pour le bien comme pour le mal imposa à ses adeptes le serment suivant :

« Convaincu de l'existence d'un principe incréé, Dieu de qui l'homme doué d'une âme immortelle tient le pouvoir d'agir sur son semblable en vertu des lois prescrites par cet être tout-puissant, je promets et m'engage sur ma parole d'honneur de ne jamais faire usage du pouvoir et des moyens d'exercer le magnétisme animal qui vont m'être confiés, que dans la vue unique d'être utile et de soulager l'humanité souffrante ; repoussant loin de moi toute vue d'amour-propre et de vaine curiosité, je promets de n'être mû que par le désir de faire du bien à l'individu qui m'accordera sa confiance et d'être à jamais fidèle au secret imposé et uni de cœur et de volonté à la Société bienfaisante qui me reçoit dans son sein. »

Pendant longtemps les magnétiseurs, fidèles à leur serment, n'eurent en vue que les guérisons et s'occupèrent peu des théories ; cependant, les observations en s'accumulant les mirent en présence d'une foule de phénomènes dont il était impossible de méconnaître la parenté avec les miracles des saints et les prestiges attribués au démon. Dès lors, on expérimenta et on fut conduit à admettre l'hypothèse, déjà formulée par Mesmer d'après les occultistes du moyen âge, d'un agent spécial qu'on a appelé successivement : l'*esprit universel*, le *fluide magnétique*, l'*od* ou la *force psychique*.

C'est cet agent qu'on cherche aujourd'hui à définir
en étudiant les actions réciproques qui s'exercent
entre lui et les forces naturelles déjà connues. Dès
maintenant quelques-unes de ses propriétés, parfaitement établies, ont permis de faire passer un certain
nombre de phénomènes du domaine de la magie dans
celui de la science positive. C'est ainsi qu'on explique
la fascination par l'action de la force psychique sur
les nerfs spéciaux de nos sens qu'elle fait vibrer de
manière à donner, sous l'influence de la pensée, l'illusion de la réalité. La base de l'envoûtement repose
sur l'emmagasinement dans certaines substances de
cette force, ou plutôt d'une matière extrêmement
ténue qui lui est liée ; la condensation de cette
matière donne lieu aux apparitions. Les mouvements
à distance, observés dans les maisons hantées sont
presque toujours dus à une surproduction anormale
de cette même force chez quelques personnes qu'on
appelle des médiums. Les rayons Rœntgen et la
télégraphie sans fils, ne permettent plus de nier *a
priori* la vue des somnambules à travers les corps
opaques et la télépathie. Enfin le télégraphone de
M. Poulsen explique les transferts d'états émotifs
obtenus par le Dr Luys à l'hôpital de la Charité en
faisant passer une couronne aimantée de la tête d'un
malade à celle d'un sujet, phénomène que la science
officielle repoussait au même titre que la magie.

Quand, il y a quelques mois, votre Comité d'organisation a bien voulu, sur ma demande, inscrire dans
son programme cette question : « Quelles sont parmi
les découvertes modernes celles qui peuvent expli-

quer certains faits réputés prodiges dans l'antiquité »,
j'espérais la voir traitée par un philosophe bien connu
en Allemagne, le baron Karl du Prel. Une mort inopi-
née nous a privés de sa collaboration, mais son dernier ouvrage publié à Iéna en 1899, sous le titre :
Die Magie als Naturwissenschaft, constitue une
étude magistrale sur ce sujet et je ne saurais mieux
faire que d'y renvoyer ; je me bornerai à signaler
ici une idée hardie sur laquelle du Prel ne manque
jamais l'occasion d'insister au cours des deux volumes
de ses savantes recherches pour en faire ressortir le
côté pratique.

Partant de cette observation que les mécanismes
artificiels ne sont le plus souvent que des imitations
inconscientes d'organismes naturels et que, par
exemple, la chambre noire n'est que la copie de l'œil,
il pense que les concordances déjà signalées ne sont
que des cas particuliers d'une règle générale s'appliquant aussi aux processus psychiques, et il fait ressortir le mutuel appui que peuvent se prêter : le
psychiste qui met en évidence et analyse les facultés
de l'âme plus ou moins voilées chez la plupart des
hommes ; le *physiologiste* qui décrit nos divers
organes corporels et le *technicien* qui se propose de
remplacer par des instruments les uns et les autres.

Si, d'une part, le technicien avait porté son attention sur la constitution du système nerveux qui fait
communiquer le cerveau avec la périphérie de notre
corps, et sur le *rapport* exclusif qui s'établit entre
le magnétiseur et le magnétisé, il aurait pu concevoir plus tôt l'idée des fils télégraphiques, des réson-
nateurs et des multi-communications. D'autre part,

le technicien par l'invention des électroscopes et des spectroscopes permet au psychiste de concevoir que notre âme, par un perfectionnement progressif de ses facultés, arrivera à percevoir des vibrations auxquelles elle est actuellement insensible et il peut le guider dans la marche à suivre pour atteindre ce but.

D'une manière générale, l'expérience et le raisonnement nous autorisent à supposer que « tout ce qui se produit sous une forme sensible chez un individu, peut se produire sous une forme atténuée chez tous les individus semblables, que ce qui se produit naturellement chez un individu peut être produit artificiellement chez les individus semblables (1) », et enfin que psychistes, physiologistes et techniciens pourront trouver, dans l'étude des travaux des deux autres spécialités, des *analogies directrices* pour leurs propres travaux.

« Supposons, dit du Prel, qu'un technicien soit versé en la magie, la sorcellerie et l'histoire des saints, qu'il ait observé des somnambules de tout genre, naturels et artificiels, expérimenté avec des médiums, et qu'il ait la conviction que tous ces phénomènes magiques sont des faits indiscutables, grâce à la conviction non moins forte que *toute magie n'est que de la science naturelle inconnue* (2), il se

---

1. FAVRE, *La musique des couleurs*, Paris 1900, 31.

2. Les facultés magiques, dit-il ailleurs, ont des bases physiques, non pas surnaturelles mais suprasensibles ; c'est-à-dire qu'elles ne sont pas en dehors des lois de la nature, mais en dehors des perceptions des sens ordinaires.

trouverait ainsi devant une abondance inépuisable de
problèmes.

« Supposons, par exemple, qu'il sût que la lévitation ou soulèvement au-dessus du sol contre les lois
de la pesanteur, se produit chez les fakirs indiens,
qu'elle est prouvée documentairement pour Joseph
de Cupertino et une foule d'autres saints et qu'elle
était fréquente chez les possédés du moyen âge.
Supposons enfin qu'il ait été témoin lui-même de ce
qu'ont vu une douzaine de savants anglais : le
médium Home soulevé en l'air dans une chambre,
en sortant par une fenêtre et y rentrant par une
autre, après avoir ainsi flotté à quatre-vingts pieds
au-dessus de la cour extérieure. Ce technicien ne
serait-il pas plus près que Newton de la solution du
problème de la gravitation ? Il saurait, lui, ce que
Newton ne savait pas : c'est que la pesanteur est
une propriété *variable* des choses. Mais se rendre
compte de cette variabilité n'est pas la faire naître ;
elle a existé avant et existera après cette découverte
dont le résultat est d'expliquer le passé et de guider
l'avenir. »

Dans un congrès qui a pour objet l'histoire des
sciences, je ne saurais mieux terminer cette communication forcément très superficielle, qu'en vous
citant les réflexions profondément justes inspirées à
mon illustre ami par le sujet même qui nous occupe.

« Le côté brillant de l'histoire de la civilisation
est, dit-il, l'histoire des sciences. Quand on réfléchit
aux opérations, souvent merveilleuses, de la pensée
qui amenèrent les découvertes ayant changé la face

du monde, quand on considère la somme de savoir condensée et mise en ordre dans les livres d'études, on est très porté à avoir une haute idée de l'humanité.

« Mais l'histoire des sciences a aussi un côté très misérable. Elle nous montre que le nombre des esprits vraiment supérieurs a toujours été fort restreint, qu'ils eurent toujours à lutter contre les plus grandes difficultés pour faire accepter les découvertes faites par eux ; et enfin que les représentants scientifiques des idées alors régnantes n'ont jamais manqué de dénoncer comme s'écartant de la science tout ce qui s'écartait d'eux. Voilà une histoire qui n'a pas encore été écrite et qui contribuerait singulièrement à rabaisser l'orgueil des hommes.

« L'histoire des sciences ne doit pas seulement enregistrer le triomphe des idées nouvelles ; elle doit dépeindre aussi les batailles qui l'ont précédé et les résistances qu'ont toujours opposées les représentants scientifiques des nouvelles idées... Une nouvelle vérité se découvre-t-elle ? Elle jaillit, semblable à un éclair, du cerveau d'un seul comme une révélation ; mais il y a, en face de lui, les millions de ses contemporains avec tous leurs préjugés. Celui qui a découvert une vérité se trouve devant cette écrasante difficulté de convertir tous ses adversaires et de faire table rase de tous les préjugés. La puissance de la vérité est sans doute grande ; mais plus elle s'écarte des idées régnantes, moins l'humanité est préparée à la recevoir et plus il est difficile de se frayer une route.

« Il en sera ainsi tant que l'histoire des sciences

ne nous aura pas appris que de nouvelles vérités, alors précisément qu'elles ont une importance capitale, ne sauraient être plausibles mais sont paradoxales ; que, de plus, la généralité d'une opinion n'est nullement la preuve de sa vérité ; enfin, que le progrès implique un changement dans les opinions, changement préparé par des individus isolés et qui s'étend peu à peu grâce aux minorités... Nous ne devons jamais oublier que toutes les majorités procèdent des minorités initiales et que, par conséquent, aucune opinion ne doit être rejetée seulement à cause du faible nombre de ses représentants, mais qu'au contraire, elle doit être examinée sans préjugé aucun, car le paradoxe est le précurseur de toute nouvelle vérité. D'autre part, le développement régulier des sciences ne se fait qu'à la condition d'y laisser un élément conservateur. Il faut donc que toute vérité nouvelle ne soit d'abord envisagée que comme une simple hypothèse ; plus elle est importante, plus sera long son temps d'épreuve que rien ne saurait empêcher. Ceux qui la découvrent doivent se dire qu'ils ne sont que des pionniers auxquels les colons succèderont peu à peu, car il est clair que celui qui est en avance de cent ans sur ses contemporains devra attendre cent ans avant d'être compris par tous. »

De tout ce qui précède il résulte que tel phénomène peut justement passer aujourd'hui pour un prodige parce qu'il dépasse le niveau de nos connaissances ou de nos pouvoirs ordinaires et qu'il ne le sera plus quand la science ou les facultés de l'homme anront fait des progrès. Le philosophe qui, il y a deux siècles, aurait vu un enfant soulever un marteau pilon pesant des centaines de tonnes ou rompre par explosion d'énormes masses rocheuses au fond des eaux, rien qu'en appuyant le doigt sur un bouton, aurait déclaré que « l'effet dépassant manifestement la cause », il devait y avoir là une intervention surnaturelle. Un raisonnement analogue a été tenu récemment par un théologien à propos de la suggestion qui, au moyen d'un geste à peine perceptible, produit chez les sujets les troubles physiologiques les plus intenses comme l'abolition ou l'hyperesthésie de tous les sens. Dans ces divers cas le raisonnement ne tient pas compte des forces plus ou moins connues accumulées à l'avance et que le geste ne fait que libérer. Maintenant encore nous considérerions comme prodigieuse l'action d'un homme qui, semblable au Jupiter antique, d'un froncement de sourcil ferait éclater la foudre. (*Et nutù tremefecit Olympum*). Qui sait cependant si quelque chose d'analogue ne se produira pas dans l'avenir, puisque déjà Franklin l'a soutiré des nuages... (*Eripuit cœlo fulmen*).

Beaucoup de catholiques admettent que le miracle n'est jamais en contradiction avec les lois éternelles qui régissent les mondes et qu'il est simplement constitué par l'extension exceptionnelle des forces dont nous constatons journellement les effets, cette extension pouvant être due soit aux qualités propres de celui qui fait le miracle soit à l'intervention d'êtres invisibles plus puissants que lui.

Je suis convaincu que les savants de bonne foi finiront par adopter cette manière de voir. Plus, en effet, on avance dans l'étude de ces phénomènes plus on est forcé de reconnaître qu'un certain nombre d'entre eux ne peuvent s'expliquer sans recourir à l'hypothèse d'influences extérieures intelligentes-; ce qui d'ailleurs ne doit pas nous étonner puisque la caractéristique de la force en jeu est précisément de pouvoir être dirigée non plus par la matière mais par ce qu'on appelle l'esprit.

Quelle est la nature de ces influences ? Sont-ce des anges plus ou moins déchus comme l'enseigne l'Eglise ; des âmes de défunts comme le disent les spirites ; des élémentaux, c'est-à-dire des êtres inférieurs à l'humanité et non perceptibles à nos sens, comme le soutiennent les théosophes, ou simplement des projections à travers l'espace de la volonté d'autres hommes vivants comme le supposent certains psychologues ?

Voilà certes des questions fort intéressantes mais sortant du domaine du physicien qui, aidé du physiologiste, doit procéder avec méthode et étudier l'instrument avant de chercher à définir le moteur.

Espérons que les instituts psychiques qui se forment de divers côtés auront pour résultat de faciliter des travaux rendus jusqu'à ce jour fort difficiles par les préjugés du vulgaire.

TABLE DES MATIÈRES

Mayenne, Imprimerie CH. COLIN.

EXTRAIT DU CATALOGUE

www.ingramcontent.com/pod-product-compliance
Lightning Source LLC
Chambersburg PA
CBHW071147200326
41519CB00018B/5141